小麦病虫害防治与
诊断彩色图谱

◎ 张翠梅　张秋红　张亚琴　主编

中国农业科学技术出版社

图书在版编目（CIP）数据

小麦病虫害防治与诊断彩色图谱／张翠梅，张秋红，张亚琴主编．—北京：中国农业科学技术出版社，2018.11

ISBN 978-7-5116-3536-5

Ⅰ.①小… Ⅱ.①张…②张…③张… Ⅲ.①小麦-病虫害防治-图谱 Ⅳ.①S435.12-64

中国版本图书馆 CIP 数据核字（2018）第 269444 号

责任编辑 白姗姗
责任校对 贾海霞

出 版 者 中国农业科学技术出版社
北京市中关村南大街 12 号 邮编：100081
电 话 （010）82106638（编辑室） （010）82109702（发行部）
（010）82109709（读者服务部）
传 真 （010）82106650
网 址 http://www.castp.cn
经 销 者 各地新华书店
印 刷 者 北京富泰印刷有限责任公司
开 本 880 mm×1 230 mm 1/32
印 张 6
字 数 150 千字
版 次 2018 年 11 月第 1 版 2019 年 1 月第 2 次印刷
定 价 49.60 元

#《小麦病虫害防治与诊断彩色图谱》

编委会

主　编　张翠梅　张秋红　张亚琴

副主编　师渊超　孙艳妮　任　丽　张永华　豆秀英　葛　鹏　齐会生　沈志河　姜雪飞　王建威

编　委（按姓氏笔画排序）：

马勤安　王小艳　王世蓉　仇会芳　卢会侠　冯登龙　任　铭　刘三朋　刘　剑　刘正华　李文妮　李永强　张贵香　张彦龙　邵欧洋　周昕凡　赵　磊　郝建伟　祝凌云　贾继朋　党学锋　郭彬芳

前　言

小麦是我国第一大粮食作物，小麦的丰歉直接影响民生安全和经济建设。面对近几年种植面积的逐年减少和小麦社会需求量的增加，提高小麦单产、增加总量、改善品质、提高效益已成为小麦生产区的主攻方向。小麦生产上病虫草等有害生物种类繁多，为害较重，直接为害小麦的安全生产。随着我国种植业结构的战略性调整，优势农作物的区域化种植，优质高产新品种的推广应用，小麦生产的农田生态环境出现了新的变化，小麦生产区有害生物种群结构也发生了相应的变化。一些重大病虫草由于品种和气候等原因再度猖獗，一些次要的病虫草开始上升为主要病虫草害；同时，由于人们环境保护意识的日益增加，对化学农药的使用提出了更高要求。为了贯彻落实国家恢复粮食生产能力的战略部署和配合农业农村部恢复粮食生产能力的工作，我们组织编写了这本手册，旨在推广新的防治技术，为恢复粮食生产能力、粮食增产、农民增收、减少生物灾害损失做出应有的贡献。

本书编写了小麦整个生育期中主要病虫草害的识别和防治、小麦抽穗—扬花期如何开展“一喷三防”、自然灾害的预防、农药安全使用及新型生物农药实用技术推广等内容，紧密结合小麦生产过程中有害生物发生实际，结合小麦生产先进实用技术和经验进行编写。

由于时间仓促，编者水平有限，书中难免有不足之处，恳请读者批评指正。

编　者

2018 年 9 月

目　录

第一章　小麦的生长发育

第一节　小麦的一生

一、小麦的生育期

小麦的一生是指小麦从种子萌发到产生新种子的过程。因为种子萌发到出苗的时间受土壤水分、温度等因素的影响较大，所以一般将小麦从出苗（或播种）至成熟所经历的阶段称为“生育期”。小麦生育期的长短因栽培地区的纬度、海拔高度、耕作制度及品种特性的不同而有很大差异。一般纬度或海拔越高，小麦生育期越长。低纬度地区，冬季较短，小麦播种较迟，越冬期短，所以生育期较短。在同一地区，不同品种小麦生育期长短不同，春性品种生长发育快，成熟早，生育期较短；冬性品种生长发育慢，成熟晚，生育期较长。同一品种的播期不同，生育期也不同，迟播的小麦生育期较短，早播的小麦生育期较长。

二、生育时期

小麦的一生中，外部形态、内部生理特性等方面都会发生一系列变化，这些变化是品种遗传特性、生理特性和外界环境相互作用的结果。人们为了研究、交流和栽培管理的方便，根据小麦生长发育过程中一些明显的形态表现或生理特点，将小麦的一生划分为若干时期，即播种期、出苗期、三叶期、分蘖期、越冬期、返青期、起身期、拔节期、孕穗期（挑旗期）、抽穗期、开花期和成熟期。

（一）播种期

指小麦的播种日期。

（二）出苗期

小麦的第一片真叶露出地表 2~3 厘米为出苗，田间有 50%以上麦苗达到出苗标准时的时期，为该田块小麦的出苗期。

（三）三叶期

田间有 50%以上麦苗主茎的第三叶伸出 2 厘米左右的时期，为该田地小麦的三叶期（图 1-1）。

图 1-1　三叶期

（四）分蘖期

田间有 50%以上麦苗的第一分蘖露出叶鞘 2 厘米左右的时期，为该田地小麦的分蘖期。

（五）越冬期

冬麦区冬前日平均气温降至1℃以下，麦苗基本停止生长，次年春季平均气温升至1℃以上，麦苗恢复生长，这段停止生长的阶段称为小麦的“越冬期”。

（六）返青期

越冬后，春季气温回升，新叶开始长出的时期为小麦的返青期（图1–2）。

（七）起身期

主茎春生的第一叶叶鞘和年前最后一叶叶耳距相差1.5厘米左右，茎部第一节间开始伸长（长度为0.1~0.5厘米），但尚未伸出地面时为小麦的起身期。起身期一般比拔节期早7~10天（图1–3）。

图1–2　返青期

图1–3　起身期

（八）拔节期

田间有50%以上植株茎部的第一节间露出地面1.5~2.0厘米的时期，为该田地小麦的拔节期。

（九）孕穗期（挑旗期）

当小麦旗叶完全展开，叶耳可见，旗叶叶鞘包着的幼穗明显膨胀时，大穗进入四分体分化期，全田50%植株达到此状态的时期，为该田地小麦的孕穗期（挑旗期）。该时期，旗叶与倒二叶叶环距长约 1 厘米。

（十）抽穗期

全田 50%麦穗顶部露出叶鞘 2 厘米左右的时期，为该田地小麦的抽穗期。另一标准是全田 50%以上麦穗（不包括芒）由叶鞘中露出穗长的 1/2 的时期，为小麦的抽穗期（图 1-4）。

图 1-4　抽穗期

（十一）开花期

全田 50%的麦穗上中部的花开放，露出黄色花药的时期，为该田地小麦的开花期。

（十二）成熟期

（1）蜡熟期。籽粒大小、颜色接近正常，内部呈蜡状，籽粒含水约 25%，叶片基本变干。蜡熟末期籽粒干重达最大值，是适宜的收获期。

（2）完熟期。籽粒已具备品种正常大小和颜色，内部变硬，含水率降至 22%以下，干物质积累停止（图 1-5）。

图 1-5　成熟期

三、小麦生长的三个阶段

在小麦的一生中，形态形成有两个明显的转折点。一是幼穗开始花器分化，自拔节开始，以起身（即生理拔节或幼穗分化到二棱末期）为转折点；二是器官（包括营养器官和生殖器官）全部形成，开花受精，植株转入下一代种子的形成，以开花为转折点。以这两个转折点为界，可以把小麦的一生分为 3 个生长阶段。

（一）幼苗阶段

从种子萌发到起身期，通常称为“幼苗阶段”，该阶段的天数为 120~140 天。在幼苗阶段，小麦只分化出叶、根和蘖。由于分蘖基本上都在此阶段出现，所以在此阶段确定群体总茎数，能为最后穗数奠定基础。如果分蘖数量不足或过多，可以在这个阶段采取措施，促其增加或控制其过量出现。该阶段在生产上是决定穗数的关键时期。

（二）器官形成阶段

这个阶段是花器分化时期，因而是决定穗粒数的关键时期。分蘖经过两极分化，有效分蘖和无效分蘖界限分明，群体穗数也在此阶段最后确定。这个阶段形成小麦的全部叶片、根系、茎秆和花器，植株的全部营养器官和结实器官也均形成，是小麦一生中生长量最大的时期。

（三）籽粒形成阶段

籽粒灌浆、成熟是渐进的过程，需30~40天。这个阶段涉及营养物质的转移和转化以及水分的散失，无论对小麦产量形成还是品质的优劣都是关键时期。

第二节　小麦的器官形成

一、叶

叶是小麦进行光合、呼吸、蒸腾作用的重要器官，也是小麦对环境条件反应最敏感的部位。生产上，常根据叶的长势和长相进行一些判断，如肥水是否充足、缺素症状的诊断等（图1-6）。

图1-6　叶

（一）叶的结构

小麦的叶有两种：不完全叶和完全叶。不完全叶包括胚芽鞘和分蘖鞘；完全叶由叶片、叶鞘、叶舌、叶耳等组成。

（二）叶的功能

绿色叶片是光合作用的主要器官，小麦一生中所积累的光合产物大部分由叶片所制造，叶片的光合能力是逐步提高的。在叶片长度达总长度的1/2时，才能输出光合产物，供给其他部分的生长需要。成长叶光合能力最强，衰老叶功能下降，当衰老叶面积枯黄率达30%时，不再输出光合产物。叶片光合能力虽然很强，但在一昼夜间其本身的呼吸往往需要消耗光合产物的15%~25%。在阴雨、郁蔽等不良环境下，呼吸消耗的还要多，甚至达30%~50%。小麦一生中以旗叶功能最强。据测定，旗叶所积累的光合产物为苗期到成熟期光合作用总产物的1/2。旗叶光合功能比低位叶高10~30倍。

二、根系

根系不仅是吸收养分和水分、起固定作用的器官，也参与物质合成和转化过程。所以，对根系生物学和生态条件的研究越来越被人们重视。壮苗先壮根，发根早、扎根深、根系活力强是小麦获得高产的基础。

三、茎

小麦的茎由节和节间组成，分为地中茎（根茎）、节间部伸长的茎（分蘖节）和地上部伸长的茎（一般为4~6节，多为5节）。其功能主要是运输和贮藏养分，还有一定的光合作用。

小麦的茎一般有12~14个节及节间（地中茎除外），分为地下（分蘖节）和地上两部分。地下部分的节间部伸长，形成分蘖节。地上部分的节间伸长，一般为4~6个，多数为5个节间。

小麦的茎节原始体在起身期开始伸长，其伸长具有顺序性和重叠性。温度上升到10℃以上时，第一伸长节间开始伸长。伸长由下向上依次进行，在下一节间快速伸长的同时，相邻的上一节间也开始伸长，伸长活动一直持续到开花期才结束。伸长了的小麦茎秆横切面呈圆形、中空，节间全部被叶鞘包被或部分被包被。节间长度以基部第一节间最短，向上依次增长，穗下节间最长，一般占全部茎节总长的40%~50%。茎节的粗度通常为：第一节间较细，第二、第三节间开始加粗，最上一节间又变细。茎壁的厚度却自下而上逐渐变薄，以基部第一节间最厚，向上变薄。同一节内基部较厚。当基部节间伸长到3~4厘米（露出地面约1.5厘米）时，为拔节。

四、穗

小麦的穗由穗轴和小穗组成。穗轴由许多节片组成，每节着生一枚小穗，穗节片的长短和数目因品种不同而各异，并决定着麦穗的疏密程度和穗形、大小等性状。小穗由两枚护颖及若干小花组成，一般每穗小花数为3~9朵，通常仅基部2~3朵小花结实。小花由外稃、内稃、2个鳞片、3个雄蕊和1个雌蕊组成。

小麦穗的分化，根据形态变化特征可分为8个时期：伸长期、单棱期（穗轴分化期）、二棱期（小穗原基分化期）、护颖原基分化期、小花原基分化期、雌雄蕊原基分化期、药隔形成期和四分体形成期。达到四分体形成期的时候，植株进入孕穗期。

五、抽穗开花与结实

小麦抽穗开花后，植株营养生长基本停止，转入以籽粒形成与灌浆增重的生殖生长阶段。在这个阶段，要经过抽穗、开花、受精、籽粒形成，直至灌浆成熟，才能最终形成产量。

第二章　田间管理

第一节　前期管理

小麦前期也叫苗期（图 2-1），一般是指小麦出苗到起身期这段时间。苗期是以长叶、长根、长蘖的营养生长为中心。

图 2-1　小麦苗期长相

一般情况下，出苗后半个月左右开始发生分蘖，11 月上中旬进入分蘖第一盛期；初生根不断伸长，并发生分枝，次生根随分蘖发生而发生；茎节分化完毕，但不伸长；近根叶数目不断增多，单株叶面积逐渐增大，植株体迅速壮大。到起身期，分蘖几乎全部出现，此期是决定单位面积穗数的重要时期，尤其是冬前分蘖成穗率高，是决定穗数的关键时期。冬前小麦的生理代谢以氮代谢为主，光合产物合成与积累量相对较少。该阶段虽然对肥、水的需求量不多，但肥、水在形成壮苗过程中的作用却不可忽视。

前期管理的主攻方向是：在全苗、匀苗的基础上，促根、增蘖、促弱控旺、培育壮苗；协调幼苗生长与养分贮藏的关系，使幼苗安全越冬；建立合理的群体结构，提高冬前分蘖成穗率，狠抓穗数，为穗大粒多打好基础。

一、播种后苗情观察

（一）根的观察

主要观察初生根和次生根条数、入土深度及形态特征。记录其条数和入土深度。观察时期分为：第一叶展开期、三叶期、越冬期、起身期、拔节期等。小麦的根系（图 2-2）属于须根系，由初生根和次生根组成。

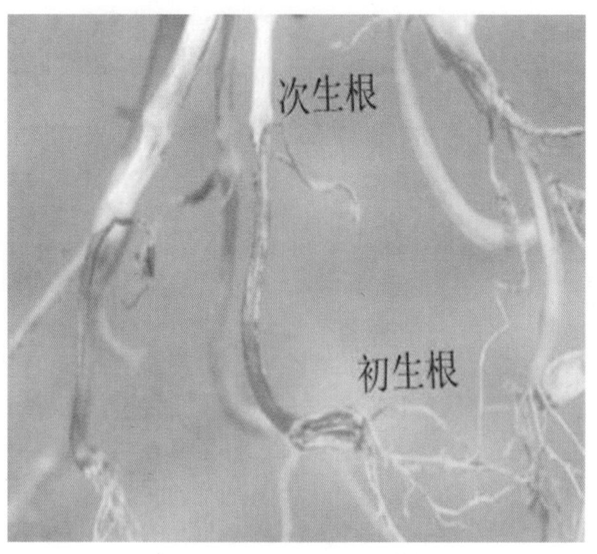

图 2-2　小麦地下器官组成

(二) 叶的观察

主要观察叶的组成、大小、颜色及变化、群体叶面积系数等。

1. 叶的形态观察

小麦植株上的叶有两种：一种是不完全叶，只有叶鞘。主茎的第一片叶叫胚芽鞘，分蘖的第一片叶叫分蘖鞘。另一种是完全叶（真叶、绿叶），由叶片、叶鞘、叶耳、叶舌、叶枕5个部分组成（图2-3）。普通叶顶端尖锐（第一普通叶顶端较钝），距叶尖3厘米左右有一缢痕（叶痕），基部收缩，整个叶片略呈长方形（披针形），左右不对称。叶色有深绿（墨绿）、绿、浅绿等颜色。

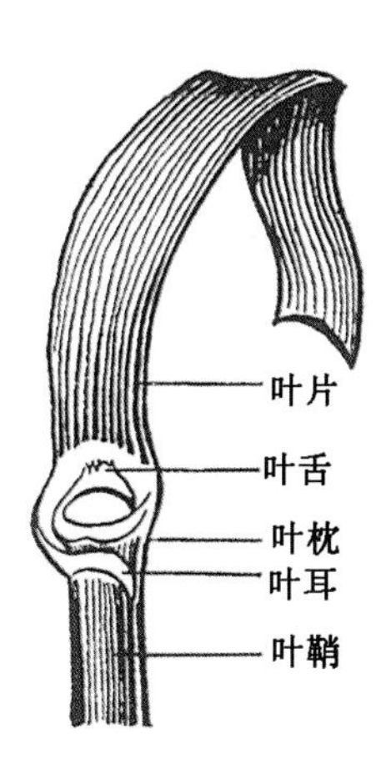

图2-3　小麦叶片的外部形态

叶的大小亦随品种、地力、气候和栽培条件的不同而有差异，一般单叶叶面积为5~15平方厘米。叶位越高，发生越晚，叶面积越大。正常播种情况下，1/O—3/O（“O”代表主茎）面积逐次增加，它们受籽粒大小的影响较大；5/O叶面积大于 3/O；越冬前后的 5/O—6/O，以及返青时最早抽出的 7/O—8/O 叶面积较小，甚至比 4/O 还小（因其受冬季低温影响）；自此以后，叶出生越晚，其面积越大，一般以倒 2 叶的面积为最大，旗叶比倒 2 叶小（也有旗叶最大者）。不同蘖位间，叶面积因蘖位升高而降低。主茎叶面积在单株叶面积中所占比例较大，而分蘖叶的比重较小。

小麦主茎叶片总数因品种、播期和栽培条件的不同而不同。我国北方冬麦区，在适宜播期内，主茎总叶数一般为 12~14 叶，冬前和冬后各出生 6~7 片。春性品种叶数少，半冬性和冬性品种叶数多。早播由于营养生长期长，叶片数较多。在河北省中南部，适播期以后每晚播 7 天，叶少 1 片。在土壤干旱或缺氮时，主茎叶数较少。主茎叶数的差异，主要表现在冬前叶数的不同。

2. 叶的功能观察

观察记录主茎各叶出现时间，各时期功能叶的数量、节位。抽穗后观察叶片衰老（落黄）变化过程。

一片叶的功能期是指其从完全展开到衰老（变黄 30%）所持续日数的长短。麦株上的叶片自下而上发生，随生育时期的推进，老叶衰亡，新叶再生，一个叶片可以发挥其功能的时间是有限的。在某个生育时期中，任一单茎（主茎或蘖）只有 4~5 片绿叶（功能叶）。每片叶从叶尖露出到完全展开在冬前需 5~15 天，春季需 10~18 天。一株上两个相邻叶片出现的间隔在冬前为 10~30 天，越冬始期至返青为 20~50 天，拔节后为 8~15 天。叶片功能期一般为 30~100 天。一般最初几叶（1/O—4/O）的功能期较短，为 30 天左右或更短；返青后出现的叶片的功能期为 30~60 天。

根据叶片光合产物对各器官的贡献将其分为 3 组（图2-4）。

（1）近根叶组。着生在分蘖节上，这组叶在拔节前定型，

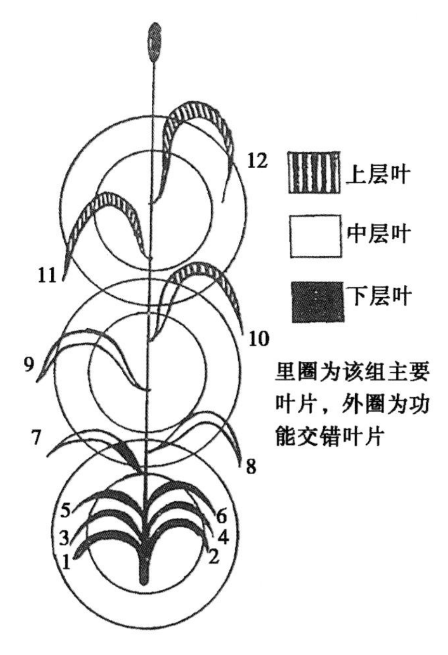

图 2-4　小麦叶片功能的分组

所合成的营养物质主要供根系、分蘖、中部叶片和基部茎节的形成或生长所需，同时也供幼穗早期分化所需。

（2）茎穗叶组。它包括冬后 1~2 片上位近根叶和 2~3 片中部茎生叶及各分蘖的同伸叶。起身、拔节至挑旗期间是其主要功能期。穗叶组叶片的光合产物供茎秆生长和充实、上部叶片的形成和穗的进一步分化发育所需，是实现壮秆、大穗的关键。

（3）粒叶组。它包括旗叶、旗下叶（倒 2 叶）等，这组叶的光合产物主要是供花粉发育、开花受精和籽粒灌浆与成熟所需。籽粒的大小、饱满度在一定程度上取决于这组叶的面积大小、功能期长短和光合能力强弱。

（三）分蘖规律的观察

分蘖即小麦的分枝，它是小麦的重要特性之一。

（1）分蘖穗是构成产量的重要组成部分，一般大田条件下，分蘖穗占 0~30%，高产田可达 60%。

（2）分蘖是看苗管理的重要指标。生产上可根据分蘖多少、叶蘖发生的相关性等及早区别出壮、弱、旺三种苗情，以便分类管理。分蘖又是衡量幼苗壮弱的指标。

（3）群体的自动调节过程主要通过分蘖进行。这是因为分蘖对外界条件的反应比主茎敏感，良好条件下分蘖发生多且生长健壮，条件不良时分蘖首先受到抑制。生产上即使基本苗相差悬殊，但通过肥水调控，最后亩成穗数可以很接近，就是利用了分蘖的这种自调作用。

（4）分蘖有再生作用。在分蘖期，小麦不仅在分蘖节处发生次生根，而且还能形成许多分蘖幼芽，以适应各种不良的环境条件而保持自身的生存。当主茎和分蘖遭受雹灾、冻害等而死亡时，即使这时分蘖期已经结束，只要条件适宜仍可再生新蘖并形成产量。

二、冬前管理措施

（一）查苗补种

在麦苗出土后，要及时查苗，如发现有漏播和缺苗（一行内 10 厘米左右无苗的）、断垄（一行内 15 厘米以上无苗的，图 2-5）的应立即补播同一品种种子。补播用的种子最好先浸泡 4~6 小时。补播应在出苗后 10 天内完成，最晚不能超过 3 叶期。经过补种仍有缺苗断垄的地段，到分蘖期可移苗补栽以保证全苗。补栽时，2~3 株 1 墩，补栽深度以“上不压心，下不露白”为宜，并施少量速效氮肥，浇少量水，随后封土压实。播种后如遇雨会造成地面板结，影响出苗，要及时耙地破除板结。

图 2-5　缺苗断垄表现

（二）因苗管理

1. 壮苗管理

对壮苗应以保为主，即合理运筹肥（偏心肥）水及中耕等措施，以防止其转弱或转旺。但对不同的壮苗应当采取不同的管理措施：对肥力基础稍差，但由于底墒充足而形成的壮苗，可趁墒追施少量速效肥料，以防麦苗脱肥变黄，保证麦苗一壮到底；对肥力、墒情都不足，但由于做到了适期播种而形成的壮苗，应及早施肥浇水，以防其由壮变弱；对由于底墒底肥充足，且做到了适期播种而形成的壮苗，冬前一般可不施肥，但要进行中耕，如出苗后长期干旱，可普浇一次分蘖盘根水，如麦苗长势不匀，结合浇分蘖水可点片施些速效肥料，如土壤不实（抢耕抢种），可浇水以踏实土壤或进行碾压。

2. 旺苗管理

旺苗的成因一般有两种。

（1）由于土壤肥力高、底肥用量大、墒足，且播种过早而形成的旺苗。这类旺苗冬前主茎叶超过 7 片，上下叶耳间距都在 1.0~1.5 厘米，叶片肥大，叶色青；11 月下旬亩总茎数达到或超过适宜指标。冬季低温来临，主茎和大分蘖往往冻死，春季反而成弱苗。对这类麦苗要把它当成弱苗管，促控结合，即采取镇压与施肥浇水等措施，争取麦苗由旺转壮。

（2）由于土壤肥力高、底肥施用量大、播种量过多而形成的旺苗。这类麦苗群体大，冬前亩总茎数 80 万以上，叶大色绿，但主茎第一节间尚未伸长。冬季虽不会遭受冻害，但大群体往往导致后期倒伏。针对这类麦苗，管理措施是控制肥水供应，结合深中耕（深 6~7 厘米）进行石磙碾压，以抑制主茎和大分蘖旺长，减少小蘖滋生，或喷施 100 毫克/千克的多效唑控旺。

3. 弱苗管理

要根据具体情况，因地制宜地加强田间管理，尤其是水肥（冬追肥）管理，争取使麦苗由弱转壮。

（1）晚播弱苗，冬前只宜浅中耕以松土、增温、保墒，而不宜施肥浇水，以免地温降低，影响幼苗生长。

（2）下湿地弱苗，应加强中耕松土和田间排水工作，以散墒通气。

（3）整地粗放造成的弱苗，麦苗根系发育不良，生长缓慢或停止，应采取镇压、浇水、浇水后浅中耕等措施来补救。

（4）播种过深造成的弱苗，麦苗瘦弱，叶片细长或迟迟不出，应采用镇压和浅中耕等措施以提墒保墒，或用竹耙扒去表土，使分蘖节的覆土深度变浅，从而以保证幼苗健壮生长。

（5）盐碱地弱苗，土壤溶液浓度较高，形成生理干旱，麦苗瘦弱，应及早灌水压盐（碱），并于灌后勤中耕以防盐（碱）回升。

（6）底肥不足造成的弱苗，缺氮时叶窄、色淡，缺磷时苗小、叶黄（叶尖紫）、根系不发达，应在灌水之后趁墒追施氮、磷等速效化肥。

(7) 有机肥未腐熟或种肥过多造成的弱苗，幼苗（或种子）灼伤，甚至死亡，应采取及时浇水，并于浇水后及时中耕松土的措施来补救。

(8) 遭受病虫为害的弱苗，应积极防治病虫害。

一般施足底肥、种肥并浇过底墒水的，越冬前不施肥水。但对因抢墒播种造成出苗不齐或弱苗的，可在3叶期后浇小水。对因未施速效底肥造成弱苗的，可以结合浇水施少量速效肥。黏重土壤播种时水分不适宜，以致因坷垃影响出苗的，可以在播后浇出苗水，但一般土壤不宜采用。

三、冬季管理

1. 中耕镇压，防旱保墒

中耕可以保墒、增温、消灭杂草，加速有机物质分解，利于根、蘖生长。自分蘖始至封冻期间均可进行中耕，尤其是在雨后和灌溉后，田间必须中耕以破除地面板结，弥补土壤裂缝。

耙压壅土，盖蘖保根，保墒防寒。北方广大丘陵旱地麦田，入冬停止生长前及时进行耙压，以利安全越冬。水浇地如地面有裂缝造成失墒严重时，亦可适时锄地或耙压。

镇压可以压碎坷垃，弥补裂缝，减少土块间的空隙，利于保墒和保证麦苗安全越冬。但生产上应注意，对土壤过湿、盐碱地、沙土地、播种过深或麦苗过弱的田块，不宜采用镇压措施。

2. 适时冬灌

灌冻水（冬水）是保护麦苗安全越冬的重要措施。灌冻水可以沉实土壤，粉碎坷垃，消灭越冬害虫，并为早春麦田创造良好的生产条件。北方冬麦区除多雨年份，土壤湿度大和晚播弱苗外，一般都应冬灌。冬灌时间应在日平均气温稳定在3~4℃，夜冻昼消，浇水后当天可以下渗时浇完。一般灌水量90~120毫米。对晚茬麦，在底墒充足的情况下，不宜冬灌。对群体偏小，总茎数在每亩（1亩≈667平方米。全书同）50万~60万的二三类麦田，可以结合冬灌追施硫酸铵15~20千克/亩，比返青追肥者肥效果好，可以起到冬施春用的效果。

3. 严禁放牧

目前，在麦田中放牧多为羊群。羊在咀嚼时是紧贴地皮，在入冬前，羊吃麦苗可使麦苗连根拔起；在入冬后，羊吃麦苗可使麦苗齐根拔断；在小麦返青时，羊吃麦苗为害性更大。实践证明，经过羊群啃食的小麦田，麦田中缺苗断垄现象十分严重，死苗率大大增加；被咬麦苗返青缓慢，次生根和春生叶的生长受到抑制，进而影响茎秆形成与穗分化。试验表明，被羊群啃食一遍的麦田可减产10%左右，啃食二遍或三遍的可减产20%以上。对被羊啃过的麦田要及早加强管理，以确保其正常返青生长。

四、返青期管理

1. 早春搂麦锄划

返青后各类麦田均应锄划保墒，群体充足的麦田要深锄，控制春季无效分蘖的产生，减少养分消耗；弱苗麦田要多次浅锄细锄，提高地温，促进春季分蘖产生；枯叶多的麦田，返青前要用竹耙等工具清除干叶，以增加光照。另外，早春锄划也可以消除杂草。

锄划应在3月上旬的返青前后进行。对有旺长趋势的麦田，从返青到起身期都可以适当深锄断根，抑制小麦春季无效分蘖，以保证小麦成穗质量和群体质量。

2. 因苗管理

返青期（图 2-6）施肥浇水使春生分蘖增加 10%～20%，两极分化时小蘖死亡过程延缓，分蘖成穗率提高，但穗子不齐（下棚穗多），主茎或低位蘖的小穗数增加，最后几片叶的面积增大，茎节间比不施肥浇水者略长。因此，返青期要针对不同麦田和苗情进行合理运用。

图 2-6　返青期麦田

（1）壮苗和旺苗管理。对冬前总茎数 70 万～90 万/亩的壮苗或 90 万～110 万/亩的旺苗，只要冬前肥水充足，在返青期一般不施肥水。关键措施是锄划松土，以通气增温保墒，促进麦苗早发快长。如因冬前过旺出现脱肥或苗情转弱，可以提前施起身肥水。

（2）中等苗情管理。对冬前总茎数 50 万～60 万/亩的中等苗，为了保冬蘖，争春蘖，抓穗数，应及时追返青肥，浇返青水。

（3）晚播弱苗管理。以锄划增温、促苗早发为中心，待分蘖和次生根长出，气温也较高时，再追肥浇水。如果墒足而缺肥，可以在早春刚化冻时借墒施肥。

（4）其他异常苗情管理。异常苗情一般指"僵苗""小老苗""黄苗"等。"僵苗"指生长停滞，长期处在某一叶龄期，不分蘖，不发根。“小老苗”指生长到一定数量叶片和分蘖后，生长缓慢，叶片短小，叶蘖同伸关系破坏。造成这两种苗情的原因是土壤板结，透气不良，土层薄，肥力差或磷钾短缺。可以采取疏松表土、破除板结、开沟补施磷钾肥等措施，并结合浇水。因欠墒或缺肥造成的黄苗，要补施肥水。

第二节　中期管理

小麦生长中期指从起身（图 2–7）至抽穗这段时间，为营养生长与生殖生长并进阶段，茎、穗为此期生长发育中心。起身后由匍匐生长转向直立生长，尤其是从拔节到抽穗是一生中生长速度最快、生长量最大、干物质积累最快的时期。亩茎数达到高峰，每茎叶片数迅速增加，挑旗期前后达到最大叶面积系数，很容易造成郁蔽。

图 2–7　起身期麦苗外观

从产量构成因素的形成看，当气温上升到 10℃以上，麦苗起身，分蘖开始两极分化，是提高成穗率，也就是增加穗数的关键时期。当气温上升到 15℃，麦苗进入形态拔节，幼穗进入雄蕊分化和药隔期，是决定每穗小花数时期。当气温上升到 18℃，小麦开始挑旗，穗分化进入四分体期，是决定结实率的重要时期。当气温上升到 20℃，小麦开始开花，穗分化完成。

中期是群体与个体的矛盾、营养生长与生殖生长的矛盾、产量构成因素之间的矛盾及群体生长与栽培生态环境的矛盾集中出现的时期，形成了复杂的相互影响关系。这个阶段的管理措施能否调控上述矛盾，不仅直接决定穗数和粒数的形成，也关系到中后期群体与个体的稳健生长和产量形成。

因此，这一阶段的栽培管理任务是：根据苗情类型，适时、适量地运用水肥管理措施，调控群体与个体的生长关系，器官与器官之间的关系，实现秆壮、穗多、穗大的目标，同时为籽粒形成和成熟奠定良好的基础。

一、苗情观察与诊断

1. 茎秆生长观察

茎秆与叶鞘是小麦群体的支持层，节间长度、粗壮程度直接影响小麦茎生叶的空间分布，从而影响群体内光照的合理分布和光合产物的合成与积累，最终影响产量。所以生产管理上要观察记载茎秆生长进程，以便在不同阶段采取相应措施。由于节间伸长与春生叶片之间存在同伸关系，茎节间伸长时间观察记载与春生叶片出现时间同步进行，这里不作详述。

2. 穗分化的观察

根据学生实际水平和参与积极性，作为辅助性观察项目对待。

（1）观察时间。小麦幼穗开始分化的时间，因播期和品种不同而异。在秋播条件下，一般适时播种的冬性品种，穗分化于返青以后开始；春性强的品种或播种过早的冬性品种，亦可在冬前开始。所以开始观察的时间要根据具体情况而定。

幼穗分化是一个连续的渐变过程，从开始（伸长期）到结束（四分体期）的观察次数，以研究的内容、人力和物力条件而定，一般3天左右观察一次较好。也可根据春生叶发生时间进行观察。

（2）取样。要选取具有代表性或事先标记的植株，一般每次取20株，从中选5~10株进行观察。实验课中每组可以用有标记的小麦植株3~5株进行观察。

（3）记载小麦植株的外部形态。包括株高、主茎叶片数（可见叶、展开叶）、分蘖数、次生根数。

（4）观察方法。主茎幼穗分化开始较早，分蘖较迟。一般以主茎为观察对象。首先把选取的植株去掉一部分根，留下适量的根和地中茎，以便剥取幼穗时用手掌握。然后由外向内将叶片和叶鞘逐层剥去，在剥取过程中注意观察各个叶的形态。当露出发黄的心叶时，用解剖针从纵卷叶片的叶缘交接处，顺时针或逆时针方向从基部把叶去掉。当剥到肉眼不易分辨叶片时，可放在解剖镜下，继续用解剖针剥取，直至露出透明发亮的生长锥。注意观察幼穗正、侧面，基部、中部和上部，以获得全面的概念。最后以幼穗中部的形态特征为准确定穗分化期。

观察雌雄蕊分化时，切下一个小穗观察比较清楚。观察四分体时，要选微黄绿色的花药。用镊子将花药放在载玻片上，盖上盖玻片，轻轻压出四分体，用醋酸洋红染色，然后在显微镜下镜检。

（5）观察具体内容。穗的构造如图2-8。小麦的穗由穗轴和小穗组成，穗轴由节片组成，每节着生1枚小穗，每穗有15~20枚小穗，多的可达25枚以上；分枝类型可在第二次轴上进一步分枝。小穗由两枚护颖及3~9朵小花组成，每穗约有小花160~190朵，小花由外颖和内颖（各1枚）、2枚鳞片、3枚雄蕊、1枚雌蕊组成。花器官发育完全，可以正常开花结实的叫结实小穗；反之，叫不孕小穗。不孕小穗经常发生在穗的基部或顶部，一般1~2枚，多时5~6枚。一枚小穗上只有基部2~3朵小花结实，管理好的可以有3~5朵小花结实。上部小花常发育不完全而退化。大田生产上多数品种一个穗子平均结实30~40粒，大穗型品种可达50粒以上。可见，增粒增产的潜力还很大。

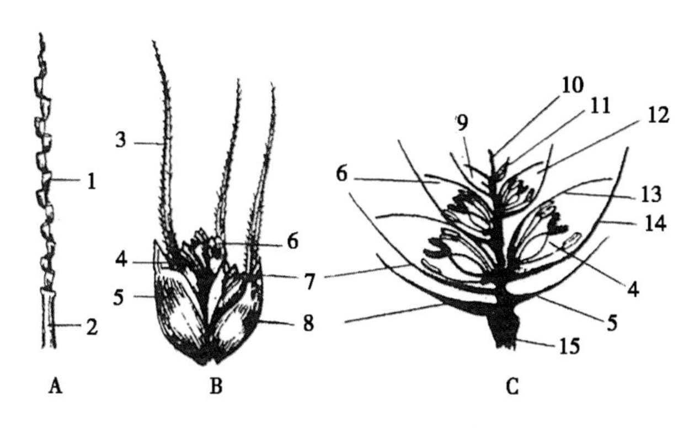

图2-8 小麦穗的构造

A. 穗轴；B. 小穗；C. 各组成部分的位置

1. 节片；2. 穗下节间；3. 芒；4. 第一小花；5. 上位护颖；6. 第三小花；7. 第一小花；8. 下位护颖；9. 第五小花；10. 小穗轴；11. 第六小花；12. 第四小花；13. 内颖；14. 外颖；15. 穗轴节片

3. 拔节期苗情调查

(1) 调查工具。一般需要皮尺、钢卷尺、竹竿或废弃细木棍（田间定点用，可就地取材）、感量1%天平、土钻和铝盒、电热干燥箱。

(2) 主要的调查项目。包括群体动态（基本苗、总茎数）、个体性状（主茎叶片数、植株高度、单株茎数或分蘖数）、田间水分状况等。其他项目可以根据需要选做。实习地块的选择，在大田中可以以农户或品种或不同管理模式为单位，在试验田中以小区为单位。

（3）调查时间。拔节期，大约在春生第三叶展开，第四叶露尖，茎基部第一伸长节间将近定长，第二伸长节间迅速伸长时。

（4）田间调查。准确记载不同地块的拔节期。先到拔节期的先进行调查。

4. 室内调查

取回样株后，在室内主要调查内容有个体性状（考苗）、群体叶面积系数、穗分化过程观察等。将分好的样本逐株考察，并填入拔节期单株考察表。考察内容包括株号、株高、主茎春生可见叶数、主茎春生展开叶数、单株茎数、次生根条数、主茎春生叶的长度和宽度、单株叶片重和叶鞘重等，测定方法，同越冬前调查。单株茎秆重指已伸长的茎节及幼穗的重量。

单株大茎数：单茎总叶数 3 个以上的茎数。

把 3 株样株除主茎春生叶以外的其他叶片的长度和宽度也逐叶测定（只测定绿叶，3/4 长度变黄的叶子视为黄叶，不测量），并分别记载。未展开的叶子只测定已伸出叶鞘的部分。

穗分化过程观察：每 2~3 天从每块地取苗 3~5 株，继续观察穗分化进程，准确记载麦穗形态。

调查完毕后将结果统计并进行分析，制定相应的管理方案。

二、中期管理措施（方案）

1. 起身期至拔节期的管理

起身期的管理应合理控制分蘖两极分化，保证合适的成穗数；促进小花的发育为增粒数奠定基础。

起身期肥水的作用：一是能促进大蘖成穗，提高分蘖成穗率，但也会导致小蘖退化推迟，恶化群体。二是促进小花分化，减少不孕小穗数。三是有利于茎叶生长，促进基部节间的伸长和顶部3片叶的生长，有利于增加灌浆期光合产物，提高粒重，但也可能造成叶面积过大而郁蔽及基部节间过长而引起倒伏。因此，起身期肥水对群体小的麦田弊少利多；对群体适中的麦田利弊皆有；对群体大的麦田有弊无利。

在返青期未施肥水的前提下，一般生产水平的麦田，可以在起身期浇水施肥。追氮量可以是总施氮量的1/3~1/2。对于苗稀、苗弱的麦田，要适当提早施起身肥水，提高成穗率。施用起身肥水的时间，可以掌握在刚出现空心蘖时进行。群体健壮的高产田和群体过大的旺苗田，可以控制不施肥水，以促进分蘖两极分化，改善群体下部受光条件。

对旺苗可以进行深中耕，切断浮根，促进小蘖死亡。以后新根长出，有利于起身期以后的生长发育。

起身期镇压，对旺苗和壮苗有控制作用，对正常苗和弱苗可以促进小蘖赶上大蘖。镇压要在分蘖高峰已过、分蘖开始两极分化、节间未伸出地面前进行。地湿、早晨和阴天都不要镇压。起身期也是喷洒矮壮素、多效唑、壮丰安等植物生长调节剂，控制倒伏的重要时期。

旱地麦田在起身期要进行中耕除草，防旱保墒。

2. 拔节期的管理

拔节期肥水能显著减少不孕小穗和不孕小花数，提高穗粒数；能增大旗叶面积，延长上部叶片功能期，有利于籽粒形成和灌浆；促进第三、四、五节间伸长，有利于形成合理株型和大穗。

由于拔节期肥水对三个产量构成因素都有利，因此除了前期肥水过多、群体过大过旺的以外，都应该施用拔节肥水。拔节期肥水的时间：瘦地、弱苗、起身期未施肥水的可以提前到雄蕊分化期（春4叶伸出）；肥地、壮苗和旺苗以及起身期肥水较晚的弱苗，可以推迟到药隔分化期（春5叶伸出）进行。

3. 孕穗期管理

此阶段正值四分体形成，对水分敏感，是水分临界期。由于此时小花集中退化，保证肥水可以促进花粉粒正常发育，减少小花退化，提高结实率，增加穗粒数；保证孕穗期肥水还可以延长灌浆期间绿色部分的功能期，积累较多的光合产物，有利于灌浆，提高粒重。因此，对旺苗、高产壮苗、晚播麦田，均应不晚于孕穗期浇水。对拔节期及以前各时期未追肥或追肥过少、麦叶发黄、有脱肥表现的，可以补施少量氮肥。这次补肥不但有利于开花和灌浆，还能提高籽粒中的蛋白质含量，改善籽粒品质。

4. 春季肥水的综合运筹

春季麦田苗情变化复杂，应针对具体苗情具体分析，制定相应的肥水管理措施。高产肥地一般要求稳定穗数，争取粒数和粒重，肥水重点应放在起身拔节期，尤其是拔节期。一般大田以穗数为主攻方向，兼顾粒数和粒重，肥水重点应在起身拔节期而偏重于起身期。个别瘦地、弱苗肥水重点还应提前到返青期。

第三节　后期管理

后期是指从小麦开花到籽粒成熟所经历的一段时间，一般30~35天。小麦开花后，所有营养器官建成，营养生长结束，转向生殖生长阶段，籽粒是生长中心。小麦籽粒中营养物质有2/3以上来源于后期光合产物。但是，此期根、叶等营养器官进入功能衰退期，新根基本停止生长，老根逐渐丧失吸收能力，叶片由下向上逐渐变黄死亡；从产量器官看，穗数已经定型，但是穗粒数和粒重则受后期环境条件影响。后期的主攻方向：在中期管理基础上，保持根系的正常生理机能，延长上部叶片的功能期，提高光合效率，以水养根，以根护叶，药液保叶，促进灌浆，实现粒多、粒重。

一、后期生长发育观察

1. 抽穗、开花、受精规律

小麦在孕穗后 10~14 天抽穗。大田中 50%以上麦穗顶部由叶鞘露出时（不包括芒），即为抽穗期。小麦抽穗后，经 3~5 天即可开花（图 2-9）。

图 2-9　扬花期小麦穗部

开花期标准：50%的穗中部小穗上有小花开花。一个穗开花期持续 2~5 天，同一麦田开花持续 6~7 天，最长可达 10 天左右。开花时，雄蕊花药开裂，散出花粉落在柱头上，称为授粉。花粉经 1~2 小时发芽，长出花粉管，精子随花粉管穿过柱头和花柱，进入子房，完成受精过程。历时 1~1.5 天。受精后子房开始膨大，逐渐形成籽粒。小麦属于自花授粉作物，内外颖张开为开花，由开张到闭合只需 15 分钟。小麦开花一天中有两个高峰，一是 9—11 时，一是 15—18 时，有的小麦品种一天只出现一次高峰。

开花最适宜的温度为 18~20℃，最低 9~11℃，最高 30℃左右，要求相对湿度为 70%~80%。晴朗温暖天气最有利于开花。高温干燥、阴雨连绵，或突然降温，均不利于开花。温度降至-2℃时，花药受害。温度高于 30℃，相对湿度降到 20%以下，或二者同时出现，都会引起雄雌蕊生理干旱，失去受精能力而降低结实率。

小麦开花期是植株内部新陈代谢最旺盛的阶段，需要消耗大量的水分、养分。这一时期耗水量最大，必须保证及时供水，使小麦正常开花受精，这是提高结实率的关键措施。

2. 籽粒的形成、灌浆与成熟规律

小麦受精后，子房随即膨大发育成种子。由受精到籽实成熟，所经历的时间因地区气候差异而变化很大，一般在 35 天左右，在开花到成熟期间昼夜平均气温低、温差大、日照充足、供水条件好的地区，如青藏高原，能延续 40~50 天，因而有利于形成千粒重较高的大粒种子。小麦籽粒建成大致可分为形成、灌浆与成熟三个不同的过程。

（1）籽粒形成过程。开花受精后子房体积增大，当达到籽粒长度 3/4 时叫多半仁，历时 9~11 天。这是胚和胚乳的形成时期，籽粒的含水量急剧增长，干物质积累不多，含水量在70%以上。籽粒的宽、厚度增长不多，籽粒的表面由灰白色逐渐变成灰绿色，胚乳由清水状逐渐变为清乳状。

籽粒形成过程中，如遇阴雨、严重病害（锈病、白粉病等）、高温干旱等不良条件，籽粒停止发育并干缩退化。所以从受精坐跻到“多半仁”阶段应及时防治病虫害，保证水肥供应，以减少籽粒退化，提高穗粒数。

(2) 灌浆过程。从"多半仁"到蜡熟前，历时20天左右。这个过程主要是积累干物质，籽粒含水量处于平衡阶段。灌浆过程包括乳熟期和面团期。

乳熟期历时15~18天，干物质急剧增长，是粒重增长的主要时期，含水率缓降到45%。胚乳由清乳状变到炼乳状。是籽粒长、宽、厚度同时增长的时期。此期末，籽粒体积达最大，俗称"顶满仓"。籽粒外部颜色由灰绿色变为绿黄色，表面出现光泽，植株下部叶片开始枯死，中部叶片变黄，茎和穗尚保持绿色。

面团期历时3天，干物质积累由快到慢，含水量继续下降到40%~38%，胚乳变黏成面筋状，籽粒体积开始缩减，灌浆逐渐结束。籽粒颜色由绿黄色变为黄绿色，失去光泽。

灌浆过程是决定粒重的关键时期，田间管理十分重要，特别是顶满仓到面团期是穗鲜重最大的时期，要注意防止倒伏。

(3) 成熟过程。包括蜡熟与完熟两个时期。

蜡熟期历时3~4天，蜡熟初期植株旗叶保证全片或半片黄绿色，颖壳开始退色，由绿变黄，籽粒含水率为30%~40%。蜡熟中期全部叶片均已转黄，茎秆转黄有光泽，籽粒不再增大，有机物质仍可缓慢积累，含水率在25%~30%。蜡熟末期的全株呈黄色，茎秆有弹性，养分停止向籽粒运转，胚乳变成蜡质状，籽粒体积变小、变硬，含水率在20%~25%。蜡熟末期籽粒干重最高，是最适宜的收获期。

完熟期是籽粒表现出全部成熟特征的很短时间，籽粒的含水量下降到20%以下。由于此时干物质积累已停止，而水分仍在继续损失，故体积缩小，胚乳变硬，俗称"硬仁"。完熟时麦叶枯黄，茎秆变脆，收获时常易断穗落粒，增加损失。另外，籽粒因呼吸作用的消耗与降水量的淋溶作用等种种原因，会使千粒重降低。成熟期遇连阴雨，还会使麦粒在穗上发芽，降低产量和品质。因此，在此期之前必须收获完毕。

二、后期管理措施（方案）

后期管理的主要措施有三个方面：一是合理浇水，保持适宜的土壤水分；二是根外追肥，保持适宜的营养水平；三是加强病虫防治，适当延长叶片功能期。

1. 浇好扬花、灌浆水

小麦籽粒形成期间对水分要求迫切，水分不足，导致籽粒退化，降低穗粒数。因此，要及时浇好扬花水。进入灌浆以后，根系逐渐衰退，对环境条件适应能力减弱，要求有较平稳的地温和适宜的水、气比例，土壤水分以田间最大持水量的70%~75%为宜。因此，要适时浇好灌浆水，有利于防止根系衰老，以达到以水养根、以根养叶、以叶保粒的作用。

浇灌浆水的次数、水量应根据土质、墒情、苗情而定，在土壤保水性能好、底墒足、有贪青趋势的麦田，浇一次水或不浇水。其他麦田一般浇一次水。每次浇水量不宜过大，水量大、淹水时间长，会使根系窒息死亡。

由于穗部增重较快，高产田灌水时要注意气象预报和天气变化，预防浇后倒伏，一般做到无风抢浇，小风快浇，大风停浇，昼夜轮浇。

后期停水时间，还要看具体情况而定。在正常年份以麦收前7~10天比较适宜。过早停水，会使籽粒成熟过快，影响粒重。多雨年份应提早停水。对于土壤肥力高及追氮肥量大的麦田，灌浆期叶色仍浓绿不退，也应提早停水，以水控肥，防止贪青晚熟。

2. 合理追肥，保持适宜的营养水平

小麦开花到乳熟期如有脱肥现象，可以用根外追肥的方法予以补充。苗情差的情况下，后期叶面喷肥尤其重要。各地试验证明，开花后到灌浆初期喷施叶面肥有增加粒重的效果。据唐山地区多点试验，增产幅度达4.7%~14.4%。叶面肥的适宜浓度为尿素1%、硫酸铵2%、氯化钾或硫酸钾1%、磷酸二氢钾0.2%~0.3%、硝酸钾2%、草木灰10%（浸出液）、硼砂或硼酸0.2%、硫酸锌0.2%、稀土微肥0.03%、亚硝酸钠0.02%、光合微肥0.2%、抗旱剂1号0.1%等，此外还有小麦专用微肥、丰产宝、喷施宝、绿风95、翠竹植物生长剂等复合营养剂。要根据使用目的合理选择，喷施浓度不可过大。

喷药应选在无风的阴天或晴天10时以前，16时以后进行。中午气温高，不宜喷施。一般要避开扬花期，以免影响小麦的正常授粉和受精。若需在扬花期喷肥，应尽可能避开9—11时和15—18时两个扬花高峰时段。

第四节 小麦穗期“一喷三防”防控技术

小麦抽穗—灌浆期是小麦千粒重形成的关键时期，此阶段病虫发生种类多，适宜的气温有利于病虫发生蔓延为害，也是各类病虫害防治的关键期。虫害主要有小麦吸浆虫、蚜虫等；病害主要有小麦锈病、白粉病、赤霉病等；小麦中后期易受干热风的影响。开展小麦“一喷三防”工作，就是在小麦穗期使用杀虫剂、杀菌剂、植物生长调节剂、微肥等混配剂喷雾，一次施药可达到防病虫、延长小麦叶片功能期，防干热风、防倒伏、增粒增重、防早衰的目的，具有明显增产效果，是确保小麦增产增收的有效措施（图2-10至图2-15）。

图 2-10　一喷三防（1）

图 2-11　一喷三防（2）

图 2-12　一喷三防（3）

图 2-13　“一喷三防”现场会

一、防治指标

小麦蚜虫百茎虫量 500 头；小麦条锈病田间普遍率（病叶率）达 1%~2%；白粉病普遍率达 2%；赤霉病在扬花期遇连阴雨 2 天以上；小麦吸浆虫在小麦扬花初期网捕，每 10 复网成虫 20 头或用手扒开麦垄一眼可看到 2~3 头成虫。

二、防控目标

重点防控小麦条锈病、赤霉病、白粉病、吸浆虫、蚜虫、麦蜘蛛等，防治处置率达到 90% 以上，专业化统防统治比例 37%以上，高产创建示范片实现统防统治全覆盖，综合防治效果85%以上，病虫为害损失率控制在5%以内，化学农药使用量明显降低。

三、防控策略

坚持“突出重点、分区治理、因地制宜、分类指导”的原则，采取绿色防控与化学防治相结合，应急处置与持续治理相结合，专业化统防统治与群防群治相结合的防控策略，对重点地区、关键阶段的重大病虫，实施科学防控，确保小麦产量和品质安全。

四、防控技术

（1）亩用15%三唑酮80~100克或43%戊唑醇20毫升+10%吡虫啉20~30克或2.5%高效氯氰菊酯100毫升+99%磷酸二氢钾50~60可对水30~45千克均匀喷雾。用于防治条锈病、白粉病、小麦穗蚜。

（2）亩用6%氰烯菌酯50克或25%多菌灵可湿性粉剂200克或45%戊唑·咪鲜胺乳油25毫升+48%毒死蜱乳油40毫升或2.5%高效氯氰菊酯100毫升+99%磷酸二氢钾50~60对水30~45千克均匀喷雾。用于防治赤霉病、纹枯病、小麦穗蚜。

（3）亩用10%吡虫啉可湿性粉剂20克+2.5%高效氯氟氢菊酯水乳剂80毫升+45%戊唑醇·咪鲜胺25克+98%磷酸二氢钾100克+芸薹素内酯8毫升。主要用于防治蚜虫、赤霉病、白粉病，兼治吸浆虫、锈病、叶枯病、干热风。

（4）亩用10%吡虫啉可湿性粉剂20克+4.5%高效氯氰菊酯乳油80毫升+50%多菌灵可湿性粉剂80克+98%磷酸二氢钾100克+芸薹素内酯8毫升。主要用于防治蚜虫、赤霉病，兼治吸浆虫、白粉病、叶枯病、锈病、干热风。

图 2-14　一喷三防（4）

图 2-15　一喷三防（5）

（5）亩用 2.5%联苯菊酯水乳剂 80 毫升+25%氰烯菌酯悬浮剂 100 毫升+98%磷酸二氢钾 100 克。主要用于防治蚜虫、赤霉病，兼治吸浆虫、锈病、白粉病、叶枯病、干热风。

五、注意事项

（1）选购“三证”（农药登记证、生产许可证和产品标准证号）齐全的农药，注重用药安全，在收麦 20 天前应及时开展化学防治。

（2）准确使用农药。选用农药时一定要按照农药登记标注的使用范围和稀释倍数使用农药，不得随意混配或加大农药用量，以防造成药害。

（3）每日最佳施药时间。选择无风晴朗天气施药，以 10 时前和 16 时后为宜。高温时节应避免中午炎热天气喷药，防止施药人员中毒，保障人身安全。

第五节　适时收获与安全贮藏

一、适时收获

6 月上中旬，小麦由南向北相继成熟，适时收获是实现颗粒归仓、丰产丰收的保证。

据试验，千粒重以蜡熟末期为最高，是收获的最佳期。收获越晚，由于籽粒呼吸消耗，千粒重下降。据研究，推迟收获6天，千粒重可减少0.72~1.49克，小麦到完熟期收获，除易落粒折穗造成减产外，仅千粒重下降就可减产5%左右。小麦适宜收获期很短，因此，必须提早做人力、物力、机具等多方面准备，力争在最短的时间内迅速完成收割任务，以防遇雨麦穗发芽。

收割方法有人工收割、机械收割（割晒机）和联合收割（脱粒）机收割（图2-16）。

图2-16　小麦收割机作业中

人工收割或半机械化收割时，由于速度慢，收获期可适当提早，一般在蜡熟中期开始收割，经短期晒晾，即可脱粒。联合收割机收割、脱粒一次完成，既可缩短收割时间，又能减轻劳动强度，现已大力推广，普遍应用。联合收割机收割，应在蜡熟末期、麦粒较干的情况下进行，这样才能发挥出机械效能。

二、安全贮藏

1. 贮藏特性

（1）小麦的后熟期易发热变质。小麦有1~3个月的后熟期，小麦收获正值高温季节，后熟期间高温、多雨，空气湿度大，种子呼吸旺盛，易发生吸湿回潮，引起发热、霉变。

（2）耐热性强。没有完成后熟的种子耐热性较强，含水量17%以下的小麦种子，暴晒温度如不超过54℃，不会降低发芽率；但通过后熟的种子，其抗热性降低，忌用高温处理。

（3）吸湿性强，易生虫。小麦果种皮较薄，组织松软，含有大量亲水物质，极易吸湿和感染仓虫，最终引起霉变，使种子丧失生活力。

（4）呼吸强度大。

2. 贮藏方法

（1）籽粒清选和干燥。刚刚收获的小麦混杂物多，包括植物碎片、秕壳、小石块、虫尸、杂草种子等。这些杂物一般带菌量多、易吸湿，阻碍粮堆空气交流，影响热扩散，如不进行清选，极易恶化贮藏条件，引起小麦变质。

干燥是贮藏的关键措施和基本环节。经过干燥的籽粒代谢缓慢，可延长贮藏时间，保证贮藏质量。种子干燥的方法可分为自然干燥和人工机械干燥两类。前者是利用日光暴晒、通风、摊晾等方法降低籽粒水分，后者是采用干燥机械内所通过的热空气的作用以降低籽粒水分。

采用自然干燥法晾晒时，摊晒厚度不宜超过5厘米，要勤翻动，以促使籽粒增加与日光和干燥空气的接触面，提高干燥速度和效果。当麦粒含水量降到12%以下时，即可收贮。

（2）入库存放。商品粮小麦可采用散装入库存放，种用小麦量大且贮藏时间长可用散装贮藏，如果品种多或种子量小则要采取包装后贮藏的方法。

农户一般贮藏量少，贮藏小麦时最好采用热进仓贮藏法。选择晴朗天气，将小麦进行暴晒，使籽粒温度达46℃以上，不可超过52℃，然后迅速入库堆放，面层加覆盖物保温，再关闭门窗即可。采用此法要注意：掌握小麦休眠特性，一般未通过休眠的种子耐热性强，可采用此法。种子含水量要在10.5%~11.5%范围内，且做好密闭保温工作，使热处理时间保持种温在44~47℃，保持7~10天。之后要散热降温，以达到既不影响种子活力，又能达到杀虫的效果。

第三章　小麦病害

第一节　小麦白粉病

小麦白粉病广泛分布于我国各小麦主产区，以四川、贵州、云南、河南、山东沿海等地发生最为普遍，近年来该病在西北麦区发生有趋重之势。

病原菌是禾谷类白粉菌的专化型。有性态为禾本科布氏白粉菌，子囊菌亚门布氏白粉菌属；无性态为串珠粉状孢属半知菌亚门粉孢属。

小麦受害后，可致叶片早枯分蘖数减少，成穗率降低，千粒重下降。一般可造成减产10%左右，严重的达50%以上。

【症状特征】

小麦白粉病在小麦各生育期均可发生，典型病状为病部表面覆有一层白色粉状霉层。该病可侵害小麦植株地上部各器官，主要为害叶片，严重时也为害叶鞘、茎秆和穗部的颖壳和芒。发病时叶面出现直径1~2毫米的白色霉点，后逐渐扩大为近圆形至椭圆形白色霉斑，霉斑表面有一层白粉，遇有外力或振动立即飞散。这些粉状物就是菌丝体和分生孢子。后期病部霉层变为灰白色至浅褐色，病斑上散生有针头大小的小黑粒点，即病菌的闭囊壳（图3-1、图3-2）。

图 3-1 白粉叶

图 3-2 穗期白粉

【发生规律】

病菌以分生孢子在夏季最热的一旬平均气温小于 23.5℃地区的自生麦苗上越夏或以潜育状态过夏季。越夏期间，病菌不断侵染自生麦苗，并产生分生孢子。病菌也可以闭囊壳在低温干燥条件下越夏并形成初侵染源，菌丝体或分生孢子在秋苗基部或叶片组织中或上面越冬。越冬病菌先侵染底部叶片呈水平方向扩展，后向中上部叶片发展，发病早期发病中心明显。

病菌的分生孢子或子囊孢子借气流传播到小麦叶片上，遇有适宜的温、湿条件即萌发长出芽管，芽管前端膨大形成附着胞和侵入丝，穿透叶片角质层，侵入表皮细胞形成吸器并向寄主体外长出菌丝，后在菌丝中产生分生孢子梗和分生孢子，成熟后脱落，随气流传播蔓延，进行多次再侵染。病菌在发育后期进行有性繁殖，在菌丛上形成闭囊壳。

发病因素：发病适温 15~20℃，低于 10℃发病缓慢；相对湿度大于 70%有可能造成病害流行。施氮过多，造成植株贪青、发病重。管理不当、水肥不足、土地干旱、植株生长衰弱、抗病力低、也易发生该病。此外密度大发病重（图3-3）。

图3-3　茎秆白粉

【防治措施】

1. 选用抗、耐病品种可选用

铜麦6号、西农811、长航1号、普冰151等品种。

2. 农业防治

麦收后及时耕翻灭茬，铲除自生麦苗；合理密植和施用氮肥，适当增施有机肥和磷、钾肥；改善田间通风透光条件，降低田间湿度，提高植株抗病性。

3. 药剂防治

（1）种子处理。选用药剂一般为三唑酮或者戊唑醇，具体用量为：50千克小麦种子用15%的三唑酮可湿性粉剂100克或2%戊唑醇拌种剂30克对水适量，堆闷3小时。用量严格按照农药推荐使用量使用，拌种要均匀，以免发生药害。

（2）药剂防治。苗期病株率达5%、孕穗期至抽穗期病株率达20%时施药：每亩用15%三唑酮可湿性粉剂100克，25%的烯唑醇可湿性粉剂50克；40%的晴菌唑可湿性粉剂10克，对水15~30千克喷雾。

第二节　小麦锈病

小麦锈病，俗称黄疸病，为典型的远程气传真菌病害，分为条锈病（Wheat stripe rust）、叶锈病（Wheat leaf rust）、秆锈病（Wheat stem rust）三种，为小麦生产为害最大的一类病害，苗期以叶锈病为主为害，小麦孕穗期以后以叶锈病和条锈病混发为主，兼有秆锈病为害（图3-4）。

图3-4　苗期叶锈

【症状特征】

三种锈病症状的共同特点：是在受侵叶片或秆上出现鲜黄色、红褐色或深褐色的夏孢子堆，破裂后，孢子散开呈铁锈色，故而得名。

三种锈病症状上最主要的区别：条锈病的夏孢子堆最小，

与叶脉同方向排列成虚线条状，鲜黄色，故又称黄锈病。叶锈病的大小居中，散生，红褐色，故又称褐锈病。秆锈最大，散生，深褐色，故又称黑锈病。条锈和叶锈的冬孢子堆小且不破裂；秆锈的冬孢子堆大且易破裂，三种冬孢子均为黑色。群众形象的区分三种锈病说“条锈成行叶锈乱，秆锈是个大红斑”。

小麦叶锈病：主要为害小麦叶片，有时也可为害叶鞘和茎秆。叶片受害，产生许多散乱的、不规则排列的圆形至长椭圆形橘红色夏孢子堆，表皮破裂后，散出黄褐色夏孢子粉。夏孢子堆较秆锈病小而较条锈病大，夏孢子堆一般不穿透叶片，多发生在叶片正面。后期在叶背面散生椭圆形黑色冬孢子堆（图 3–5、图 3–6）。

图 3–5　叶锈

图 3–6　叶锈在自生麦苗上越夏

小麦条锈病：主要为害叶片，也可为害叶鞘茎秆、穗部。受害后叶片表面出现褪绿斑，后产生黄色疱状夏孢子堆，夏孢子堆小，长椭圆形，在植株上延叶脉排列成行，成虚线状。后期在发病部位产生黑色的条状冬孢子堆。

小麦条锈病菌主要以夏孢子在小麦上完成周年的侵染循环。其侵染循环可分为越夏、侵染秋苗、越冬及春季流行 4 个环节。(图 3–7、图 3–8)。

图 3–7　条锈病

图 3–8　条锈重

小麦秆锈病：主要为害小麦茎秆和叶鞘，也可为害叶片和穗部。夏孢子堆长椭圆形，在三种锈病中最大，隆起高，黄褐色，不规则散生。秆锈菌孢子堆穿透叶片的能力较强，导致同一侵染点叶正反面均出现孢子堆，且背面孢子堆比正面大。成熟后表皮大片开裂并向外翻起如唇状，散出锈褐色夏孢子粉。后期产生黑色冬孢子堆，破裂产生黑色冬孢子粉（图 3–9）。

翌年小麦返青后，越冬病叶中的菌丝体复苏扩展，当旬均温上升至 5℃时显症产孢，如遇春雨或结露，病害扩展蔓延迅速，引致春季流行，成为该病主要为害时期。在具有大面积感病品种前提下，越冬菌量和春季降雨成为流行的两大重要条

图 3-9　秆锈

件。如遇较长时间无雨、无露的干旱情况，病害扩展常常中断。因此早春发生春旱的地方发病轻，只有早春低温持续时间较长，又有春雨的条件发病重。品种抗病性差异明显，但大面积种植具同一抗源的品种，由于病菌小种的改变，往往造成抗病性丧失。

【发生规律】

1. 小麦条锈病

小麦条锈病在我国西北和西南高海拔地区越夏。越夏区产生的夏孢子经风吹到广大麦区，成为秋苗的初浸染源。在冬季平均气温低于-7～-6℃时，病菌不能越冬。春季在越冬病麦苗上产生夏孢子，可扩散造成再次侵染。造成春季流行的条件为：大面积感病品种的存在；一定数量的越冬菌源；3—5 月的雨量，特别是 3、4 月的雨量过大；早春气温回升较早。

2. 小麦叶锈病

小麦叶锈病在我国各麦区一般都可越夏，越夏后成为当地秋苗的主要浸染源。冬季在小麦停止生长但最冷月气温不低于0℃的地方，病菌以休眠菌丝体潜伏于麦叶组织内越冬，春季温度适宜时再随风扩散为害。叶锈菌侵入的最适温度为 15～

20℃。造成叶锈病流行的因素主要是当地越冬菌量、春季气温和降水量以及小麦品种的抗感性。

3. 小麦秆锈病

秆锈菌以夏孢子传播，夏孢子萌发侵入温度要求为3~31℃，最适18~22℃。小麦秆锈病可在南方麦区不间断发生，这些地区是主要越冬区。主要冬麦区菌源逐步向北传播，由南向北造成为害，所以大多数地区秆锈病流行都是由外来菌源所致。除大量外来菌源外，大面积感病品种、偏高气温和多雨水是造成流行的因素。

【防治措施】

三种锈病是分别由柄锈菌属的三种真菌侵染引起，病菌冬孢子对小麦没有侵染作用，而以夏孢子随气流远距离传播侵染小麦。夏孢子不能在已死亡的麦草上腐生存活，必须在活的麦株上繁殖和生存，因此春夏季在我国自南向北、秋冬季又自北向南随气流作远距离传播的夏孢子，是此病的初次侵染菌源。该病是气传病害，必须采取以种植抗病品种为主，药剂防治和栽培措施为辅的综合防治策略，才能有效地控制其为害。

1. 农业防治

（1）因地制宜种植抗病品种，这是防治小麦锈病的基本措施。

（2）适期播种，适当晚播，不要过早，可减轻秋苗期条锈病发生。

（3）小麦收获后及时翻耕灭茬，消灭自生麦苗，减少越夏菌源，减轻小麦的发病程度。

（4）提倡施用酵素菌沤制的堆肥或腐熟有机肥，增施磷钾肥，搞好氮磷钾合理搭配，增强小麦抗病力。速效氮不宜过多、过迟，防止小麦贪青晚熟，加重受害。

（5）合理灌溉，土壤湿度大或雨后注意开沟排水，后期发病重的需适当灌水，减少产量损失。

2. 药剂防治

（1）药剂拌种。用种子重量0.03%（有效成分）三唑酮，即用25%三唑酮可湿性粉剂15克拌麦种150千克或12.5%特谱唑可湿性粉剂60~80克拌麦种50千克。

（2）叶面喷雾。结合小麦中后期“一喷三防”进行防治，亩用15%三唑酮80~100克或43%戊唑醇20毫升+10%吡虫啉20~30克或2.5%高效氯氰菊酯100毫升+99%磷酸二氢钾50~60克对水30~45千克均匀喷雾。用于防治条锈病、白粉病、小麦穗蚜。

小麦拔节至孕穗期：病叶普遍率达2%~4%，严重度达1%时，开始喷洒20%三唑酮乳油或12.5%特谱唑（烯唑醇、速保利）可湿性粉剂1 000~2 000倍液、25%敌力脱（丙环唑）乳油2 000倍液，做到普治与挑治相结合。小麦锈病、叶枯病、纹枯病混发时，于发病初期，亩用12.5%特普唑可湿性粉剂20~35克，对水50~80升喷施效果优异，既防治锈病，又可兼治叶枯病和纹枯病。

第三节　小麦赤霉病

小麦赤霉病又名红头瘴、烂麦头，是小麦的主要病害之一。病原为镰孢属真菌。该病主要引起苗枯、穗腐、茎基腐、秆腐。从幼苗到抽穗都可受害，其中影响最严重是穗腐。一般减产一至二成，大流行年份减产五至六成，甚至绝收，对小麦生产构成严重威胁。

【症状特征】

赤霉病主要为害小麦穗部，但在小麦生长的各个阶段都能受害，苗期侵染引起苗腐，中后期侵染引起秆腐和穗腐，尤以穗腐为害性最大。病菌最先侵染部位主要是花药，其次为颖片闪侧壁。通常一个麦穗的小穗先发病，然后迅速扩展到穗轴，进而使其上部其他小穗迅速失水枯死而不能结实（图 3-10 至图 3-11）。

图 3-10　赤霉病（1）

图 3-11　赤霉病（2）

一般扬花期侵染，灌浆期显症，成熟期成灾。赤霉病侵染初期在颖壳上呈现边缘不清的水渍状褐色斑，渐蔓延至整个小穗，病小穗随即枯黄。发病后期在小穗基部出现粉红色胶质霉层。后期其上产生密集的蓝黑色小颗粒（病菌子囊壳）。用手触摸，有突起感觉，不能抹去，籽粒干瘪并伴有白色至粉红色霉。小穗发病后扩展至穗轴，病部枯褐，使被害部以上小穗形成枯白穗。

【发生规律】

我国麦区以菌丝体在小麦、玉米穗轴上越夏越冬，次年条件适宜时产生子囊壳放射出子囊孢子进行侵染。赤霉病主要通过风雨传播，雨水作用较大。

发病条件：

（1）春季气温 7℃以上，土壤含水量大于 50%形成子囊壳，气温高于 12℃形成子囊孢子。在降雨或空气潮湿的情况下，子囊孢子成熟并散落在花药上，经花丝侵染小穗发病。迟熟、颖壳较厚、不耐肥品种发病较重；田间病残体菌量大发病重；地势低洼、排水不良、黏重土壤，偏施氮肥、密度大，田间郁闭发病重。

（2）赤霉病在小麦扬花至灌浆期都能侵染为害，尤其是扬花期侵染为害最重。赤霉病发生的轻重与品种抗病性、菌源量及天气关系密切，品种穗形细长、小穗排列稀疏、抽穗扬花整齐集中、花期短的品种较抗病，反之则感病；小麦抽穗至灌浆期（尤其是小麦扬花期）内雨日的多少是病害发生轻重的最重要因素。凡是抽穗扬花期遇 3 天以上连续阴雨天气，病害就可能严重发生。

【防治措施】

小麦赤霉病的防治应本着“选用抗病品种为基础，药剂防治为关键，调整生育期避为害”的综合防治策略。

1. 选用抗病品种

小麦赤霉病常发区应选用穗形细长、小穗排列稀疏、抽穗扬花整齐集中、花期短、残留花药少、耐湿性强的品种。

2. 做好栽培避害

根据当地常年小麦扬花期雨水情况适期播种，避开扬花多雨期。做到田间沟渠通畅，增施磷、钾肥，忌偏施氮肥。促进麦株健壮，防止倒伏早衰。

3. 狠抓药剂防治

小麦赤霉病防治的关键是抓好抽穗扬花期的喷药预防。一是要掌握好防治适期，于10%小麦抽穗至扬花初期喷第一次药，感病品种或适宜发病年份1周后补喷一次；二是要选用优质防治药剂，每亩用80%多菌灵超微粉50克，或80%多菌灵超微粉30克加15%粉锈宁50克，或40%多菌灵胶悬剂150毫升对水40千克；三是掌握好用药方法，喷药时要重点对准小麦穗部均匀喷雾。使用手动喷雾器每亩对水40千克，使用机动喷雾器每亩对水15千克喷雾，如遇喷药后下雨，则须雨后补喷。如果使用粉锈宁防治则不能在小麦盛花期喷药，以免影响结实。

推荐使用防治赤霉病新型农药：烯唑醇、咪酰胺、克百菌、戊唑醇（立克秀）、氰烯菌酯、苏锐克、速保利等。多菌灵也有不同制剂，胶悬剂效果好，可湿性粉剂容易发生沉淀。

第四节　小麦黄矮病

小麦黄矮病属病毒病，又名黄叶病，系大麦黄矮病毒BaYDV、BYDV引起，分为GAV、GPA、RMV等株系。

小麦黄矮病在我国主要麦区均有发生，以陕西、甘肃、宁夏、山西、内蒙古等省（自治区）发生为害较重，主要为害小麦、大麦及燕麦。小麦受害后，分蘖增多，植株矮化，多数不能抽穗，对产量影响很大。

【症状特征】

黄矮病一般在秋季分蘖前或分蘖后入侵小麦，苗期叶片失绿变黄，分蘖增多，病株矮化，上部叶片从叶尖发黄，逐渐扩展，色鲜黄有光泽，叶脉间有黄色条纹，病株极少抽穗，或抽穗不结实。发病晚的只有旗叶发黄，植株不矮化，秕穗率高，千粒重降低（图 3-12）。

图 3-12　黄矮病

【发生规律】

小麦黄矮病是由小麦蚜虫传播，其中以二叉蚜传播力强，在病麦株上吸食 10 分钟就能带病，在健株上吸食 5 分钟就能使麦株感病。所以，小麦黄矮病的发生和流行，同当地传毒蚜虫数量呈正相关，这种数量又受到雨量及气温等影响。秋季麦苗出土后降雨多，有翅蚜就少，则秋苗发病少。反之，秋苗发病就多。秋苗发病的多少是春季发病的主要依据。早春麦蚜扩散是传播小麦黄矮病毒的主要时期。因此，秋季干旱，温度高，降温迟，接着春季温度回升快，就是重病流行年；秋季多雨而春季旱，一般为轻病流行年；如秋、春两季都多雨，则发病较轻；秋季旱而春季多雨，则可能中度发生；小麦品种间对黄矮病的抗病性有差异。

发病条件：冬麦播种早、发病重；阳坡重、阴坡轻，旱地重、水浇地轻；粗放管理重、精耕细作轻，瘠薄地重。小麦拔节孕穗期遇低温，抗性降低易发生黄矮病。小麦黄矮病毒病流行与毒源基数多少有重要关系，如自生苗等病毒寄主量大，麦蚜虫口密度大易造成黄矮病大流行。

【防治措施】

1. 栽培管理措施

（1）选用抗病、耐病良种。

（2）适期播种，避免早播。

（3）对已发现黄矮病的田块，增加肥水，促苗壮发。

2. 药剂防治

秋季发现有蚜虫传毒中心，及时选用高效低毒农药喷雾防治，将蚜虫控制在传毒之前。在11月上旬用10%吡虫啉3 000倍或2.5%高效氯氟氰菊酯1 500倍喷雾，可有效地控制黄矮病的发生。早春小麦起身拔节期发现有黄矮病发生的地块，用50%消菌灵可湿性粉剂1 000倍加2.5%高效氯氟氰菊酯1 500倍喷雾，防治效果很好，同时能兼治小麦纹枯病、锈病、白粉病、蚜虫和红蜘蛛。

第五节　小麦丛矮病

小麦丛矮病，又名小麦坐坡、小老苗、小麦小叶病。小麦丛矮病在我国分布较广，陕西、甘肃、宁夏、山西、内蒙古、河南、山东、河北、江苏、新疆等地均有发生，轻病田减产一至二成，重病田减产五成以上，甚至绝收。

【症状特征】

染病植株上部叶片有黄绿相间条纹，分蘖增多，植株矮缩，呈丛矮状。播后20天即可显症，最初症状心叶有黄白色相间断续的虚线条，后发展为不均匀黄绿条纹，分蘖明显增多。冬前染病株大部分不能越冬而死亡，轻病株返青后分蘖继续增多，生长细弱，叶部仍有黄绿相间条纹，病株矮化。一般不能拔节和抽穗。冬前未显症和早春感病的植株在返青期和拔节期陆续显症，心叶有条纹，与冬前显症病株比，叶色较浓绿，茎秆稍粗壮，拔节后染病植株只有上部叶片显条纹，能抽穗的籽粒秕瘦（图 3-13）。

图 3-13　小麦丛矮病

【发生规律】

小麦丛矮病毒主要由灰飞虱传毒。灰飞虱吸食后，需要经一段循回期才能传毒，日均温 26.7℃ 10～15 天，20℃时（平均）15.5 天。1～2 龄若虫易传毒，以成虫传毒能力最强。一旦获毒可终生带毒，但不经卵传递。病毒在带毒若虫体内越冬。冬小麦传毒发病的主要时期是秋季。一般来说，在有毒源存在的情况下，冬小麦播种越早，秋苗受侵就越早，发病就越严重。防治病害的关键是控制秋苗的早期侵染。另外，玉米套种冬小麦或棉田套种冬小麦的地块较不套种的平作小麦发病重，靠沟边地头杂草越近的发病重，这是因为增加了灰飞虱连续传播侵染的机会。

【防治措施】

1. 栽培管理

（1）清除杂草、消灭毒源。

（2）小麦平作，合理安排套种，避免与禾本科植物套作。

（3）精耕细作，消灭灰飞虱生存环境，压低毒源、虫源。麦田冬灌水保苗，减少灰飞虱越冬。小麦返青期早施肥水提高成穗率。在重病区压缩小麦与玉米、棉花的套种。

（4）适期晚播。

2. 药剂防治

（1）药剂拌种。用种子量 0.3% 的 50% 的辛硫磷乳油拌种。

（2）秋苗防治。出苗后喷药保护，包括田边杂草也要喷洒，压低虫源，可用 10%吡虫啉 3 000倍或 2.5%高效氯氟氰菊酯 1 500倍喷雾，小麦返青盛期也要及时防治灰飞虱，压低虫源。

第六节　小麦全蚀病

小麦全蚀病又名根腐病、黑脚。小麦感病后，分蘖减少，成穗率低，千粒重下降。减产 20%～50%，严重的全部枯死。全蚀病扩展蔓延较快，麦田从零星发生到成片死亡，一般仅需 3 年左右。

【症状特征】

小麦全蚀病是一种典型根病。病菌只侵染小麦根部和茎基部 15 厘米以下，地上部的症状是根及茎基部受害所引起。受土壤菌量和根部受害程度的影响，田间症状显现期不一。轻病地块在小区灌浆期病株始零星成簇早枯白穗，远看与绿色健株形成明显对照；重病地块在拔节后即出现若干矮化发病中心，麦田生长高低不平，中心病株矮、黄、稀，极易识别。各期症状主要特征如下。

幼苗分蘖期至返青拔节期。基部叶发黄，并自下而上似干旱缺肥状。苗期初生根和地下茎变灰黑色，病重时次生根局部变黑。拔节后，茎基1~2节的叶鞘内侧和病茎表面生有灰黑色的菌丝层。

抽穗灌浆期。病株变矮、褪色，生长参差不齐，叶色、穗色深浅不一，潮湿时出现基腐（基部一、二个茎节）性的“黑脚”，最后植株干枯，形成“白穗”。上述症状均为全蚀病的突出特点，也是区别于其他小麦根腐型病害的主要特征（图3-14、图3-15）。

图3-14 全蚀症状

图3-15 小麦全蚀

【发生规律】

小麦全蚀病菌是一种土壤寄居菌。以菌丝遗留在土壤中的病残体或混有病残体未腐熟的粪肥及混有病残体的种子上越冬、越夏。引种混有病残体种子是无病区发病的主要原因。割麦收获后病根茬上的休眠菌丝体成为下茬主要初侵染源。麦区种子萌发不久，菌丝体就可侵害种根，并在变黑的种根内越冬。翌春小麦返青，菌丝体也随温度升高而加快生长，向上扩展至分蘖节和茎基部，拔节后期至抽穗期，可侵染至第 1～2 节，致使病株陆续死亡，田间出现早枯白穗。小麦灌浆期，病势发展最快。

发病条件：小麦全蚀病的发生与耕作制度、土壤肥力、耕作条件等密切相关。连作病重，轮作病轻；小麦与夏玉米一年两作多年连作，病害发生重；土壤肥力低，氮、磷、钾比例失调，尤其是缺磷地块，病情加重；冬小麦早播发病重，晚播病轻；另外，感病品种的大面积种植，也是加重病害发生的原因之一。

【防治措施】

根据小麦全蚀病的传播规律和各地防病经验，要控制病害，必须做到保护无病区，封锁零星病区，采用综合防治措施压低病区病情。

1. 植物检疫

控制和避免从病区引种。如确需调出良种，要选无病地块留种，单收单打，风选扬净，严防种子间夹带病残体传病。

2. 农业防治

（1）减少菌源。新病区零星发病地块，要机割小麦，留茬 16 厘米以上，单收单打。病地麦粒不做种，麦糠不沤粪，严防病菌扩散。病地停种两年小麦等寄主作物，改种大豆、高粱、油菜、蔬菜、甘薯等非寄主作物。

（2）轮作倒茬。病地每 2～3 年定期停种一季小麦，改种蔬菜、油菜、甘薯等非寄主作物，也可种植玉米。轮作换茬要结合培肥地力，并严禁施入病粪，否则病情回升快。

3. 药剂防治

（1）土壤处理。播种前用70%甲基托布津可湿性粉剂每亩2~3千克加细土20~30千克，均匀施入播种沟中。

（2）药剂拌种。用种子重量0.2%的2%立克秀拌种，严重地块用3%苯醚甲环唑悬浮种衣剂（华丹）80毫升，对水100~150毫升，拌10~12.5千克麦种，晾干后即可播种。

（3）喷药防治。小麦播种后20~30天，每亩用15%三唑酮（粉锈宁）可湿性粉剂150~200克对水60升，顺垄喷洒，翌年返青期再喷一次，可有效控制全蚀病为害，并可兼治白粉病和锈病。

第七节　小麦土传花叶病毒病

小麦土传花叶病毒病，是一种杆状病毒粒体。国内陕西、四川、山东、河南、江苏、浙江、安徽等省均有发病。该病除主要为害小麦外，还为害大麦，可造成10%~70%的产量损失。

【症状特征】

该病主要为害冬小麦。感病小麦秋苗期一般不表现症状，翌年春小麦返青才显症。发病初期心叶上出现长短不等的褪绿条状斑，随着病情扩展，多个条斑联合形成不规则的淡黄色条状斑块或斑纹，呈黄色花叶状。感病小麦植株矮化，穗小粒少，籽粒秕瘦（图3-16）。

【发生规律】

该病主要靠病土、病根残体和病田流水的扩散自然传播，

图 3-16　土传花叶病毒病

汁液摩擦接种也可传播；传播的直接生物媒介也是习居于土壤中的禾谷多黏菌。一般侵染温度为 12.2～15.6℃，侵入后在 20～25℃条件下迅速增殖，潜育 2 周后表现症状。

不同品种间抗病性差异显著，长期大面积单一化种植高感病品种，是此病流行的主要因素；秋季小麦播种后土温和湿度及翌年小麦返青期的气温是影响此病发生的关键因素。秋播时土温 15℃左右、土壤湿度较大有利于禾谷多黏菌休眠孢子的萌发和游动孢子的侵染；土温高于 20℃和干旱时侵染很少发生。春季长期阴雨、低温能加重病害的发生。

【防治措施】

（1）选用抗病、耐病丰产品种。

（2）农业措施。一是实行小麦与油菜、薯类、豆类等非麦类作物的多年轮作，减轻病害发生。二是病田适当推迟播种期，避开禾谷多黏菌的最适侵染期。三是加强肥水管理，增施基肥和充分腐熟的农家肥，健田与病田不串灌、漫灌。四是加强栽培管理，防止病残体、病土等传入无病区。五是零星发病区采用土壤灭菌法或用 40～60℃高温处理 15 厘米深土壤数分钟。

第八节　小麦腥黑穗病

小麦腥黑穗病世界性病害，为陕西省补充检疫对象，病原菌为网腥黑穗病菌和光腥黑穗病菌，属担子菌亚门真菌。该病不仅导致小麦严重减产，而且使麦粒及面粉的品质降低，不可食用。

【症状特征】

小麦腥黑穗病有网腥黑穗病和光腥黑穗病菌两种，症状无区别。病株一般比健株稍矮，分蘖多，病穗较短，颜色较健穗深，发病初为灰绿色，后变为灰白色，颖壳略向外张开，部分病粒露出。小麦受害后，一般全穗麦粒均变成病粒。病粒较健粒短肥，初为暗绿色，后变为灰白色，表面包有一层灰褐色薄膜，内充满黑粉，破裂散出含有三甲胺腥臭味的气体（图 3–17）。

图 3–17　腥黑穗

【发生规律】

小麦腥黑穗病病菌孢子附着在种子外表或混入粪肥、土壤内越夏或越冬。小麦播种后发芽时，病菌由芽鞘侵入麦苗并到达生长点，并在植株体内生长，以后侵入开始分化的幼穗，破坏穗部的正常发育，至抽穗时在麦粒内又形成厚垣孢子。小麦收获脱粒时，病粒破裂，病菌飞散黏附在种子外表或混入粪肥、土壤内越夏或越冬，翌年进行再次侵染循环。

【防治措施】

（1）农业防治。播期不宜过迟，播种不宜过深。

使用无病腐熟净肥：带菌粪肥是土传病害一种很重要的传播渠道，提倡堆沤农家肥时不用病残体原料，施用无病腐熟净肥，以切断粪肥传染源。

合理轮作倒茬：小麦腥黑穗病发生区应实行与油菜、马铃薯、红薯、花生、烟草、蔬菜等作物5~7年的轮作，才能收到较好的防效。

严禁病区自行留种、串换麦种：种子夹带病麦粒、病残体是远距离传播和当地蔓延的主要途径，因此，应禁止从病区引种；严禁病区的小麦做种子用，杜绝自行留种串换麦种。

选用抗病品种：实行因地制宜，选用抗耐病品种，利用品种间的抗病性差异选择丰产性能好、适应性广、早熟、发病较轻或产量损失较小的品种。

（2）在病区大力推行统一供种、统一药剂拌种和土壤处理。

药剂拌种方法参照散黑穗病。

土壤处理：对连作麦田进行土壤处理，每亩用70%甲基硫菌灵可湿性粉剂或50%多菌灵可湿性粉剂1~1.5千克，拌细土45~50千克，均匀撒在地面，然后翻耕入土。

（3）发现零星发生田块，拔除病株，加以集中烧毁；轻发病田剪除病穗烧毁，并实行单收单打，烧毁病麦秸、病麦糠等一切病残体；对于重发田块采取收割堆放集中烧毁。已经收获的对发病较重小麦及秸秆进行集中销毁。

（4）对收割晾晒场地及邻近公路，麦茬地等场所进行无害化处理。

（5）感病小麦，严重的不能食用，必须销毁处理。感病轻的，可密闭熏蒸消毒。

第九节　小麦散黑穗病

小麦散黑穗病，又名黑疸、乌麦、灰包等。病原菌为*Ustilago tricti*（Pers.）Rostv.，属担子菌亚门真菌。我国小麦主产区都有发生，为害损失严重。

【症状特征】

小麦散黑穗病主要为害穗部，病株在孕穗前不表现症状。病穗比健穗较早抽出，病株比健康植株稍矮，初期病穗外面包有一层灰色薄膜，病穗抽出后薄膜破裂，散出黑粉，黑粉吹散后，只残留裸露的穗轴，而在穗轴的节部还可以见到残余的黑粉，病穗上的小穗全部被毁或部分被毁，仅上部残留少数健穗。一般主茎、分蘖都出现病穗，该病偶尔也侵害叶片和茎秆，在其上长出条状黑色孢子堆（图3-18）。

【发生规律】

散黑穗病是花器侵染病害，一年只侵染一次。此病为典型的种传病害，带菌种子是病害传播的唯一途径。小麦扬花时，

图 3-18　散黑穗

病菌的冬孢子随风落在扬花期的健穗上，侵入并潜伏在种子胚内，当年不表现症状，当带病种子萌发时，潜伏的菌丝也开始萌发，随小麦生长发育经生长点向上发展，随小麦节间的伸长扩展至穗部和其他分生组织。孕穗时，菌丝体迅速发展，使麦穗变为黑粉。种子成熟时，在其中休眠，次年发病，并进行翌年的侵染循环。

发病条件：小麦散黑穗病发生轻重与上一年的种子带菌量和扬花期的相对湿度有密切关系，小麦在抽穗扬花期间相对湿度为 58%~85%、菌源充足，可导致病害大流行。反之，气候干燥、种子带菌率低，来年发病轻。

【防治措施】

1. 农业措施

一是选用抗病品种；二是建立无病留种田，种子田远离大田小麦 300 米以外，抽穗前注意检查并及时拔除病株进行销毁。所用种子，必须经过严格的处理，保证全部无病。做好无病种子的繁殖工作是防治此病的根本措施，可以免去种子处理的繁重工作。

2. 播前种子处理

（1）药剂处理。用6%的立克秀悬浮种衣剂按种子量的0.03%~0.05%（有效成分）或三唑酮（有效成分）按种子量的0.015%~0.02%拌种，或用50%多菌灵可湿性粉剂0.1千克，对水5千克，拌麦种50千克，堆闷6小时，即可播种。

（2）物理消毒。

温汤浸种：

①变温浸种。先将种子在冷水中预浸4~6小时使菌丝萌动，在49℃的水中浸1分钟，然后在52~54℃的水中10分钟。此方法防治效果较好，但需严格掌握温度，且操作较繁，大面积推广应用不太方便。

②恒温浸种。将种子于44~46℃水中浸3小时，然后捞出，冷却并晾干备用。恒温浸种比较安全，并有良好的防治效果，可以将发病率降低到0.5%以下，便于大面积处理。

生理杀菌处理：

用生石灰0.5千克，溶在50千克水中，滤去渣滓后静浸选好的麦种30千克，要求水面高出种子10~15厘米，种子厚度不超过66厘米，浸泡时间气温20℃浸3~5天，气温25℃浸2~3天，30℃浸1天即可，浸种以后不再用清水冲洗，摊开晾干后即可播种。

3. 化学防治

选用20%三唑酮或50%多菌灵、70%甲基托布津等药剂在发病初期进行喷雾防治。

第十节　小麦纹枯病

小麦纹枯病又称立枯病、尖眼点病。病菌主要是禾谷丝核菌 *Rhizoctonia cerealis* Vander Hoven 和立枯丝核菌 *Rhizoctonia so-*

lani Kvhn。

小麦纹枯病广泛分布于我国各小麦主产区，尤以江苏、安徽、山东、河南、河北、陕西、湖北及四川等省麦区发生普遍且为害严重。感病麦株因输导管组织受损而导致穗粒数减少、籽粒灌浆不足和千粒重降低，造成产量损失一般10%左右，严重者达30%~40%。

【症状特征】

主要发生在叶鞘和茎秆上。幼苗发病初期，在地表或近地表的叶鞘上先产生淡黄色小斑点，随后呈典型的黄褐色梭形或眼点状病斑，后期病株基部茎节腐烂，病苗枯死。小麦拔节后在基部叶鞘上形成中间灰色、边缘棕褐色的云纹状病斑，病斑融合后，茎基部呈云纹花秆状，并继续沿叶鞘向上部扩展至旗叶。后期病斑侵入茎壁后，形成中间灰褐色、四周褐色的近圆形或椭圆形眼斑，造成茎壁失水坏死，最后病株枯死，形成枯死白穗。麦株中部或中下部叶鞘病斑的表面产生白色霉状物，最后形成许多散生圆形或近圆形的褐色小颗粒状菌核（图3-19）。

【发生规律】

病菌以菌核或菌丝体在土壤中或附着在病残体上越夏或越冬，成为初侵染主要菌源。冬前病害零星发生，播种早的田块会有一个明显的侵染高峰；早春小麦返青后随气温升高，病情发展加快；小麦拔节后至孕穗期，病株率和严重度急剧增长，形成大病高峰；小麦抽穗后病害发展缓慢。但病菌由病株表层向茎秆扩散，严重度上升，造成田间枯白穗。

病害的发展受日均温度影响大，日均温度20~25℃时病情发展迅速，病株率和严重度急剧上升；大于30℃，病害基本停止发展。冬麦播种过早、密度大、冬前旺长、偏施氮肥或使

图 3-19 纹枯病

用带有病残体而未腐熟的粪肥、春季受低温冻害等的麦田发病重。秋、冬季温度和春季多雨、病田常年连作，有利于发病。小麦品种间对病害的抗性差异大。

【防治措施】

该病属于土传性病害，在防治策略上应采取“健身控病为基础，药剂处理种子早预防，早春及拔节期药剂防治为重点”的综合防治策略。

1. 预防措施

（1）选用抗病耐病品种。

（2）合理施肥。配方施肥，增施经高温腐熟的有机肥，不偏施、过施氮肥，控制小麦过分旺长。

（3）适期播种。避免早播，适当降低播种量。及时清除田间杂草。雨后及时排水。

2. 化学防治

(1) 播种前药剂拌种用种子重量 0.03% 的 15% 三唑酮（粉锈宁）可湿性粉剂或 0.0125% 的 12.5% 烯唑醇（速保利）可湿性粉剂拌种。

(2) 翌年春季小麦拔节期，亩用有效成分井冈霉素 10 克，或井冈·蜡芽菌（井冈霉素 4%、蜡质芽孢杆菌 16 亿个/克）26 克，或烯唑醇 7.5 克。选择上午有露水时施药，适当增加用水量，使药液能充分接触到麦株基部。

第十一节　小麦茎基腐病

【发生条件】

最早出现在 11 月中下旬，地面以上叶面发黄，茎基部出现褐变；初春返青期小麦生长加快，抗寒力下降，此时诱发茎基腐病发生；4 月下旬至 5 月上中旬，气温上升，加之降雨影响，为茎基腐病多发期；小麦生长后期，因田间小麦植株密度大，温湿度高，加剧茎基腐病的为害。小麦茎基腐病与其他“白穗”病症区别：在茎基部根腐病和赤霉病无明显病症；纹枯病有波纹病斑；全蚀病有“黑膏药”状菌丝体。小麦茎基腐病呈现逐年加重趋势，由零星病株，扩展为成片发病，再扩展为连片发病（图 3-20）。

【症状特征】

(1) 死苗、烂种。多发于种子萌发前受到病原菌侵染，而导致苗期枯萎，茎基部叶鞘、茎秆变成褐色，根部出现腐烂。

图 3-20　小麦茎基腐病

（2）茎基部变褐色。该类情况多发于小麦生长期，茎基部 1~2 个茎节出现褐变，严重时延伸至第 6 茎节，但不会影响到穗部。在雨水潮湿条件下，茎节处可见红色或白色霉层。

（3）白穗。受害麦田多出现零星的单株麦子死亡的白穗现象。基腐病从小麦分蘖期到成熟期均有可能发生。

【防治措施】

（1）农业措施。以培育壮苗为中心。如适期适量播种，增施磷钾肥和锌肥，及时防治地下害虫，适时浇水补墒。轮作换茬。重病田改种油菜、大豆等经济作物。

（2）选用抗病品种。

（3）种子包衣或药剂拌种。小麦播种前戊唑醇、多菌灵等药拌种，可以显著降低苗期茎基腐病发病率。

（4）药剂处理土壤。结合耕翻整地用低毒广谱杀菌剂如多菌灵、代森锰锌、甲基托布津、高锰酸钾等药剂处理土壤。

在耕翻或旋耕第一遍地后，选用两种药剂对水均匀喷雾，然后再旋耕或耙耱第二遍地。

（5）在小麦返青起身喷药控制。用烯唑醇或戊唑醇+芸薹素内酯+氨基酸叶面肥对水顺垄喷雾，控制病害扩展蔓延。注意药液要喷在茎基部。

（6）清理病残体。在夏收或秋收时，将小麦秸秆清出病田外，不要再直接还田了。

第四章　小麦虫害

第一节　蚜　虫

小麦蚜虫俗称油虫、腻虫、蜜虫，是小麦的主要害虫之一，可对小麦进行刺吸为害，影响小麦光合作用及营养吸收。小麦抽穗后集中在穗部为害，形成秕粒，使千粒重降低造成减产。小麦蚜虫分布极广，几乎遍及世界各产麦国，为害小麦的蚜虫有多种，通常较普遍而重要的有麦长管蚜、麦二叉蚜。

【为害症状特点】

以成虫和若虫刺吸麦株茎、叶和嫩穗的汁液。麦苗被害后，叶片枯黄，生长停滞，分蘖减少；后期麦株受害后，叶片发黄，麦粒不饱满，严重时麦穗枯白，不能结实，甚至整株枯死。

麦蚜的为害主要包括直接为害和间接为害两个方面：直接为害主要以成、若蚜吸食叶片、茎秆、嫩头和嫩穗的汁液。麦长管蚜多在植物上部叶片正面为害，抽穗灌浆后，迅速增殖，集中穗部为害。麦二叉蚜喜在作物苗期为害，被害部形成枯斑，其他蚜虫无此症状。间接为害是指麦蚜能在为害的同时，传播小麦病毒病，其中以传播小麦黄矮病为害最大（图 4-1 至图 4-3）。

图 4-1　叶

图 4-2　穗蚜

图 4-3　秆

【形态特征】

麦蚜在适宜的环境条件下，都以无翅型孤雌胎生若蚜生活。在营养不足、环境恶化或虫群密度大时，则产生有翅型迁飞扩散，但仍行孤雌胎生。卵翌春孵化为干母，继续产生无翅型或有翅型蚜虫。卵长卵形，长为宽的一倍，为 1 毫米左右，刚产出的卵淡黄色，逐渐加深，5 天左右即呈黑色。干母、无翅雌蚜和雌性蚜，外部形态基本相同，只是雌性蚜在腹部末端可看出产卵管。雄性蚜和有翅胎生蚜外部形态亦相似，除具性器外，一般个体稍小。

【传播途径和发病条件】

一年可发生10～20代。麦蚜的越冬虫态及场所均依各地气候条件而不同，我国麦区以无翅胎生雌蚜在麦株基部叶丛或土缝内越冬，北部较寒冷的麦区，多以卵在麦苗枯叶上、杂草上、茬管中、土缝内越冬，而且越向北，以卵越冬率越高。从发生时间上看，麦二叉蚜早于麦长管蚜，麦长管蚜一般到小麦拔节后才逐渐加重。

麦蚜为间歇性猖獗发生，这与气候条件密切相关。麦长管蚜喜中温不耐高温，要求湿度为40%～80%，而麦二叉蚜则耐30℃的高温，喜干怕湿，湿度35%～67%为适宜。一般早播麦田，蚜虫迁入早，繁殖快，为害重；夏秋作物的种类和面积直接关系麦蚜的越夏和繁殖。前期多雨气温低，后期一旦气温升高，常会造成小麦蚜虫的大爆发。

【防治方法】

1. 农业防治

（1）选择一些抗虫耐病的小麦品种，造成不良的食物条件。播种前用种衣剂加新高脂膜拌种，可驱避地下病虫，隔离病毒感染，不影响萌发吸胀功能，加强呼吸强度，提高种子发芽率。

（2）适当晚播，实行冬灌，早春耙磨镇压。作物生长期间，要根据作物需求施肥、给水，保证NPK和墒情匹配合理，以促进植株健壮生长。雨后应及时排水，防止湿气滞留。在孕穗期要喷施壮穗灵，强化作物生理机能，提高授粉、灌浆质量，增加千粒重，提高产量。

2. 药剂防治

主要是是防治穗期蚜虫。首先查清虫情，拔节期每周到麦田随机取 50~100 株，调查蚜虫和天敌数量，当百株（茎）蚜量超过 500 头，天敌与蚜虫比在 1：150 以上时，即需防治。可用 48% 毒死蜱乳油 2 000 倍液、10% 吡虫啉 1 000 倍液、2.5%高效氯氰菊酯 1 500倍液对水喷雾。

第二节　小麦红蜘蛛

小麦红蜘蛛，也称麦蜘蛛、火龙、红旱、麦虱子等，属蛛形纲、蜱螨目。是一种对小麦为害性很大的昆虫，我国麦区均有分布。主要有麦圆蜘蛛和麦长腿蜘蛛两种。近年来，随着冬季干旱少雨、气温偏高，“暖冬”现象不断出现，小麦红蜘蛛越冬基数逐年增加，加上红蜘蛛虫体较小，易被忽视，使得红蜘蛛为害程度日益加重，已成为北部麦田主要害虫，春秋两季为害麦苗，成、若虫都可为害，对小麦产量影响大，减产幅度1%~5%。

【形态特征】

1. 麦圆蜘蛛

（1）成虫。雌成虫体卵圆形，体长 0.6~0.98 毫米，体宽 0.43~0.65 毫米，体黑褐色，体背有横刻纹 8 条，在体背后部有隆起的肛门。足 4 对，第 1 对足最长（图 4-4、图 4-5）。

（2）卵。麦粒状，长约 0.2 毫米，宽 0.1~0.14 毫米，初产暗红色，以后渐变淡红色，上有五角形网纹。

（3）幼虫和若虫。初孵幼螨足 3 对，等长，身体、口器及足均为红褐色，取食后渐变暗绿色。幼虫蜕皮后即进入若虫

图 4-4　红蜘蛛（1）

图 4-5　红蜘蛛（2）

期，足 4 对，体形与成虫大体相似。

2. 麦长腿蜘蛛

（1）成虫。雌成虫形似葫芦状，黑褐色，体长 0.6 毫米，宽约 0.45 毫米。体背有不太明显的指纹状斑。背刚毛短，共 13 对，纺锤形，足 4 对，红色或橙黄色，均细长。第 1 对足特别发达，中垫爪状，具 2 列黏毛。

（2）卵。越夏卵呈圆柱形，橙红色，直径 0.18 毫米，卵壳表面被有白色蜡质，卵的顶部覆盖白色蜡质物，形似草帽状。卵顶有放射形条纹。非越夏卵呈球形，红色，直径约 0.15 毫米。初孵时为鲜红色，取食后变为黑褐色，若虫期足 4 对，体较长。

【发生特点】

麦长腿蜘蛛每年发生 3~4 代，完成 1 个世代需 24~46 天，平均 32 天。麦圆蜘蛛每年发生 2~3 代，完成 1 个世代需 46~80 天。两者都是以成虫和卵在植株根际和土缝中越冬，翌年 2

月中旬成虫开始活动，越冬卵孵化，3月中下旬虫口密度迅速增大，为害加重，5月中下旬麦株黄熟后，成虫数量急剧下降，以卵越夏。10月上中旬，越夏卵陆续孵化，在小麦幼苗上繁殖为害，12月以后若虫减少，越冬卵增多，以卵或成虫越冬。

麦长腿蜘蛛喜干旱，生存适温为15~20℃，最适相对湿度在50%以下。麦圆蜘蛛多在8时以前和16时以后活动。不耐干旱，生活适温8~15℃，适宜湿度在80%以上。遇大风多隐藏在麦丛下部。

两种红蜘蛛均以孤雌生殖为主，有群集性和假死性，均靠爬行和风力扩大蔓延为害，所以在田间常呈现出从田边或田中央先点片发生、再蔓延到全田发生的特点。成虫、若虫均可为害小麦，以刺吸式口器吸食叶汁，首先为害小麦下部叶片，而后逐渐向中上部蔓延。受害叶上最初出现黄白色斑点，以后随红蜘蛛增多，叶片出现红色斑块，受害叶片局部甚至全部卷缩，变黄色或红褐色，麦株生育不良，植株矮小，穗小粒轻，结实率降低、产量下降，严重时整株干枯。

【防治方法】

加强农业防治，重视田间虫情监测，及时发现，及早防治，将麦红蜘蛛消灭于点片发生时期。

1. 农业防治

采用轮作倒茬，合理灌溉，麦收后深耕灭茬等降低虫源。加强田间管理。一要施足底肥，保证苗齐苗壮，并要增加磷钾肥的施入量，保证后期不脱肥，增强小麦自身抗病虫害能力。二要及时进行田间除草，对化学除草效果不好的地块，要及时采取人工除草办法，将杂草铲除干净，以有效减轻其为害。实践证明，一般田间不干旱、杂草少、小麦长势良好的麦田，小麦红蜘蛛很难发生。

2. 化学防治

小麦红蜘蛛虫体小、发生早且繁殖快，易被忽视，因此应加强虫情调查。从小麦返青后开始每 5 天调查 1 次，当麦垄单行单尺有虫 200 头或上部叶片 20%面积有白色斑点时，即可施药防治。检查时注意不可翻动需观测的麦苗，防止虫体受惊跌落。防治方法以挑治为主，即哪里有虫防治哪里、重点地块重点防治，这样不但可以减少农药使用量，降低防治成本，还可提高防治效果。小麦起身拔节期于中午喷药，小麦抽穗后气温较高，10 时以前和 16 时以后喷药效果最好，药剂喷雾要求均匀周到、匀速进行。如用拖拉机带车载式喷雾器作业，要用二挡匀速进行喷雾，以保证叶背面及正面都能喷到药剂。药剂可用 1.8%阿维菌素 5 000~6 000倍液，防治效果好，可达 90%以上。其次是 15%哒螨灵乳油 2 000~3 000倍液、20%扫螨净可湿性粉剂 3 000~4 000倍液喷雾。

第三节　小麦吸浆虫

小麦吸浆虫为世界性害虫，广泛分布于亚洲、欧洲和美洲主要小麦栽培国家。国内的小麦吸浆虫亦广泛分布于全国主要产麦区，我国的小麦吸浆虫主要有两种，即红吸浆虫和黄吸浆虫。以幼虫潜伏在颖壳内吸食正在灌浆的麦粒汁液，造成秕粒、空壳，是一种毁灭性害虫。一般受害麦田减产 10%~30%，重者减产 50%~70%，甚至造成绝收。

【形态特征】

麦红吸浆虫成虫体形像蚊子，雌成虫体长 2~2.5 毫米，翅展 5 毫米左右，体橘红色。前翅透明，有 4 条发达翅脉，后翅退化为平衡棍。触角细长，14 节。雄虫体长 2 毫米左右。雌虫产卵管伸出时约为腹长的 1/2，卵长 0.09 毫米，长圆形，浅红色，末端无附着物。幼虫体长 3~3.5 毫米，椭圆形，橘黄色，头小，无足，蛆形，体表有鳞片状突起。蛹，橙红色，裸蛹（图 4-6、图 4-7）。

图 4-6　吸浆虫

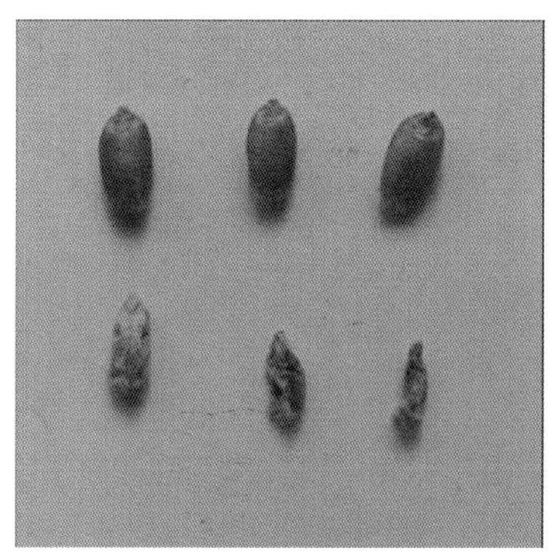

图 4-7　吸浆虫为害状

【生活习性】

自然状况下，小麦吸浆虫均一年 1 代，也有的遇到不适宜的环境如春旱，多年发生 1 代，可在土壤内滞留 7~12 年，以老熟幼虫在土壤中结圆茧越夏或越冬。翌年 3 月上中旬越冬幼虫破茧向地表上升，4 月中下旬在地表大量化蛹，4 月下旬至 5 月上旬成虫羽化，在麦穗中产卵，一般 3 天后孵化，幼虫从颖壳缝隙钻入麦粒内吸食浆液。吸浆虫化蛹和羽化的迟早虽然因各地气候条件而异，但与小麦生长发育阶段基本吻合。一般小麦拔节期幼虫开始破茧上升，小麦孕穗期幼虫上升至地表化蛹，小麦抽穗，成虫羽化，抽穗盛期也是成虫羽化盛期。在小麦产量高，品质好，土壤肥沃，利于吸浆虫发生。如果温湿度条件利于化蛹和羽化，往往导致加重发生。该虫畏光，中午多潜伏在麦株下部丛间，多在早、晚活动，卵多聚产在护颖与外颖、穗轴与小穗柄等处，每雌产卵60~70粒，成虫寿命30多天，卵期5~7天，初孵幼虫从内外颖缝隙处钻入麦壳中，附在子房或刚灌浆的麦粒上为害15~20天，经2次蜕皮，幼虫短缩变硬，开始在麦壳里蛰伏，抵御干热天气，这时小麦已进入蜡熟期。遇有湿度大或雨露时，爬出颖外，弹落在地上，从土缝中钻入10厘米处结茧越夏或越冬。

【防治方法】

小麦吸浆虫的防治应贯彻“蛹期和成虫期防治并重，蛹期防治为主”的指导思想。

1. 农业防治

（1）选用抗虫品种。一般芒长多刺、口紧小穗密集、扬花期短而整齐、皮厚的品种，对吸浆虫成虫的产卵、幼虫入侵和为害均不利。因此要选用穗形紧密，内外颖毛长而密，麦粒皮厚，浆液不易外流的小麦品种。经过多年实践，晋麦47、科隆1006品种抗性强。

（2）轮作倒茬。麦田连年深翻，小麦与油菜、豆类等作物轮作，不进行春灌，减少虫源化蛹率，对压低虫口数量有明显的作用。

2. 化学防治

（1）蛹期（小麦孕穗期）防治。因为中蛹期的吸浆虫处于地表3厘米左右，而原来越冬茧在5~10厘米深处，如果用药，药剂难以接触到虫体。到中蛹期时虫子上升到地表化蛹，最有利于防治。另外，吸浆虫羽化前，移动性差，防治效果好。所以这是第一个防治关键时期，一般在4月下旬。

防治指标：每个样方有虫 2 头以上要进行蛹期防治和成虫期防治。

淘土标准：取土标准为每个样方（长 10 厘米×宽 10 厘米×深 20 厘米）撒毒土。亩用 5%毒死蜱 600～900 克拌细土 20～25 千克；随配随用（于无风傍晚均匀撒于土表然后浇水，提高防治效果。不可有露水时撒，避免药剂沾在叶片）。

（2）成虫期（小麦灌浆期）喷雾防治。防治时间性强，因为小麦吸浆虫从羽化出土产卵到死亡仅存活 2～3 天时间，一旦将卵产入，再用药就不能达到防治效果，一定要在小麦抽穗后到扬花期用药。所以这第二个防治时期也很关键。

小麦抽穗期，吸浆虫由蛹羽化为成虫，开始在麦穗上产卵，此时为吸浆虫防治的第二个关键时期。

防治指标：小麦抽穗期，手扒麦株一眼可见成虫 2～3 头或平均网捕 10 复次有虫 30 头左右时，即为喷药补治扫残适期。

防治时间：小麦抽穗后至扬花前（5 月上旬）。

防治方法：结合小麦“一喷三防”进行，可亩用 4.5%高效氯氰菊酯乳油 30 毫升或 10%吡虫啉 20 克对水 30 千克于 10 时前或 16 时后进行全田喷雾。在防治同时可加杀菌剂和叶面肥，兼治小麦纹枯病、白粉病、锈病、赤霉病等。

3. 注意事项

（1）要在小麦吸浆虫的蛹期和成虫期防控，错过适期防治无效。雨后需再次补防。

（2）小麦吸浆虫成虫防治要按照吸浆虫为害活动规律和特点，选择在 10 时前或 16 时后进行，虫害发生严重田块，需隔 1~2 天再喷药 1 次，连续防治 2~3 次，才能确保取得好的防治效果。

（3）喷药量一定要足，一般情况下，每亩手动喷雾器不低于 30 千克（两药桶水），机动喷雾器不低于一桶半水，病虫发生严重时手动喷雾器每亩喷药量增加到三桶水，机动喷雾器增加到两桶水。药剂必须采用二次稀释，才能充分发挥药效，避免因药剂稀释不匀造成药害。

（4）在施药时必须做好必要的防护工作，施药遇到温度较高时一定要戴手套、口罩、穿防护服等并不能抽烟及吃东西，施药结束后及时洗手，注意人身安全。

第四节　黏　虫

黏虫又名东方黏虫，俗称剃枝虫、行军虫、五色虫。属于鳞翅目，夜蛾科。

黏虫是一种远距离迁飞为害的暴发性害虫，大发生时幼虫成群结队迁移，所遇绿色作物几乎被掠食一空，造成作物大幅度减产甚至绝收，可为害小麦、玉米、豆类、蔬菜、果树等作物。全国各地均有分布。

【为害特点】

低龄时咬食叶肉，使叶片形成透明条纹状斑纹，3 龄后沿叶缘啃食小麦叶片成缺刻，严重时将小麦吃成光秆，穗期可咬断穗子或咬食小枝梗，引起大量落粒。大发生时可在 1~2 天内吃光成片作物，造成严重损失。

【形态特征】

成虫体长 17~20 毫米，淡黄褐色或灰褐色，前翅前缘和外缘颜色较深，呈现数个小黑点，环纹圆形黄褐色，肾纹淡黄色，分界不明显，后翅暗褐色，向基部色渐淡。

卵馒头形，初产白色，渐变黄色至褐色，即将孵化前变为黑色。单层成行排成卵块。

幼虫 6 龄，体色变异大，腹足 4 对。体色岁龄期、密度、食物等环境因子由淡绿至浓黑变化。大龄幼虫头部沿蜕裂线有棕黑色八字纹，体背具各色纵条纹，背中线白色较细，两边为黑细线，亚背线红褐色，上下镶灰白色细条，气门线黄色，上下具白色带纹。

蛹长 19~23 毫米，红褐色（图 4-8）。

图 4-8　小麦黏虫

【发生规律】

黏虫是典型的迁飞性害虫，每年 3 月至 8 月中旬顺气流由南往偏北方向迁飞，8月下旬至9月又随偏北气流南迁。

成虫昼伏夜出，多在小麦中下部枯黄叶尖、叶鞘内产卵，单雌产卵1 000~2 000粒。成虫对糖醋液和黑光灯有较强趋性。幼虫多在夜晚活动，喜食禾本科作物和杂草，食量逐渐增长，五至六龄为暴食阶段。低龄幼虫啃食叶肉成天窗，沿叶缘馋食成缺刻，为害严重时吃光大部分叶片，只残留中脉，幼虫有假死和潜入土中的习性。

黏虫无滞育现象，全年发生代数随海拔、气候等变化。北纬33度以北地区不能越冬，北方春季出现的成虫系由南方迁飞所至。

降雨和温湿度变化是影响黏虫发生的重要因素，幼虫不耐高温和低温，气温19~23℃，相对湿度50%~80%最有利。温暖高湿，水肥条件好，有利于黏虫的发生，干旱或连续阴雨不利于其发生。

【防治方法】

1. 农业防治

在成虫产卵盛期前选叶片完整、不霉烂的谷草8~10根扎成一小把，每亩30~50把，每隔5~7天更换1次（若草把经用药剂浸泡可减少换把次数），可显著减少田间虫口密度。幼虫发生期间放鸡啄食。

2. 生物防治

对于低龄幼虫期用25%灭幼脲3号悬浮剂50毫升/亩，对水30千克均匀喷雾，既保护天敌，又对作物安全，且用量少不污染环境。

3. 物理防治

诱杀成虫：利用成虫对糖醋液的趋性，在成虫数量开始上升时，用糖醋液盆诱杀成虫。

4. 化学防治

（1）毒土诱杀。用3%的呋喃丹颗粒剂拌成毒土或用90%敌百虫100克对适量水，拌在1.5千克炒香的麸皮上制成毒饵，于傍晚时分顺着作物行间撒施，进行诱杀。

（2）叶面喷雾。虫龄在3龄以前的亩用2.5%氯氟氰菊酯乳油或4.5%高效氯氰菊酯20~30毫升；虫龄在3~4龄时亩用48%毒死蜱15~20毫升对水30千克均匀喷雾。田间地头、路边杂草、相临麦田都要喷到。虫龄大时要适当加大用药量；同时，虫量大的田块，可以先拍打植株将黏虫抖落地面，再向地面喷药，可收到良好的效果；施药时间最好选在早晨或傍晚，以提高防治质量。

第五节 麦叶蜂

麦叶蜂俗称齐头虫、小黏虫，属于膜翅目锯蜂科。北方麦区主要有小麦叶蜂和大麦叶蜂，除为害小麦外，还可寄主看麦娘等杂草。

【为害症状】

幼虫咬食小麦叶片，严重时可将麦叶吃光，使麦粒灌浆不足，影响产量。

【形态特征】

小麦叶蜂：成虫：雌体长8~9.8毫米，黑色而微有蓝光，前胸背板、中胸前盾板和翅基片锈红色，后胸背面两侧备有一白斑。雄体长8~8.8毫米，体色与雌同。卵：近肾形，长约1.8毫米，淡黄色。幼虫：体圆筒形，共5龄。上唇不对称，左边比右边稍大，胸、腹部各节均有绢纹，末龄幼虫体色灰绿，背面暗蓝，腹部 2～8 节各有腹足 1 对，第 10 节有臀足 1 对，最末一节背面有一对暗色斑。蛹：体色从淡黄到棕黑。

大麦叶蜂：与小麦叶蜂成虫很相似，仅中胸前盾板为黑色，后缘赤褐色，盾板两叶全是赤褐色。

生活习性：麦叶蜂一年发生一代，以蛹在土中 20 厘米左右越冬，3 月中下旬羽化，交尾后用锯状产卵器，沿叶背面主脉锯一裂缝，边锯边产卵，卵期约 10 天。幼虫共 5 龄，1～2 龄幼虫日夜在麦叶上取食，3 龄后畏惧强光，白天常潜伏在麦丛里或附近土表下，傍晚后开始为害麦叶，4 龄后食量大增，可将整株叶吃光。4 月上旬至 5 月初是幼虫为害盛期。幼虫有假死性，稍遇震动即落地，虫体缩成一团，约 20 分钟后再爬上麦株继续为害。小麦抽穗时，幼虫老熟入土，分泌黏液将周围土粒黏成土茧，在土茧内滞育越夏，至 9、10 月间才蜕皮化蛹越冬。

冬季温暖，土内水分充足，3 月间雨量少，而春季气候凉湿，麦叶蜂发生为害重；如冬季寒冷，土壤干旱，3 月间又降大雨，麦叶蜂发生轻，此外，砂性土麦田比黏性土受害重。

麦叶蜂幼虫与黏虫主要区别是：麦叶蜂各体节都有皱纹，胸背向前拱，有腹足 7、8 对；黏虫各体节无皱纹，胸背不向前拱，有腹足 4 对。生活习性小麦叶蜂一年发生一代，以蛹在土中越冬，3 月中下旬或稍早时成虫羽化，交配后用锯状产卵器沿叶背面主脉锯一裂缝，边锯边产卵，卵粒可连成一串。卵期约 10 天。4 月上旬到 5 月初幼虫发生为害，幼虫有假死性。5 月上中旬老熟幼虫入土作土茧越夏，到 10 月间化蛹越冬（图 4-9、图 4-10）。

图 4-9　麦叶蜂幼虫

图 4-10　麦叶蜂成虫

【防治方法】

1. 农业防治

（1）在播种前和麦收后，深耕整地，可把土中休眠的幼虫翻出，使其不能正常化蛹而死。

（2）利用麦叶蜂的假死性，可在傍晚用脸盆顺麦垄敲打，将其振落在盆中，集中捕杀。

（3）有条件的地区采用水旱轮作。

2. 药剂防治

麦叶蜂抗药力较弱，在幼虫 3 龄前用药，效果为佳。每亩用 2.5%天达高效氯氟氰菊酯乳油每亩 20 毫升加水 30 千克做地上部均匀喷雾，或 2%天达阿维菌素 3 000倍液，早、晚进行喷洒。

第六节　小麦地下害虫

小麦地下害虫是为害小麦地下和近地面部分的土栖害虫，主要包括三大类：蛴螬、金针虫和蝼蛄。

一、蛴螬

蛴螬是鞘翅目金龟甲总科幼虫的统称。别名白土蚕、核桃虫。成虫通称为金龟甲或金龟子。为害多种植物。按其食性可分为植食性、粪食性、腐食性三类。其中植食性蛴螬食性广泛，为害多种农作物、经济作物和花卉苗木，喜食刚播种的种子、根、块茎以及幼苗，是世界性的地下害虫，为害很大。此外某些种类的蛴螬可入药，对人类有益。国内记载有 1 000 多种。

【形态特征】

成虫：触角为鳃叶状，前足呈半开掘式，体近椭圆形，略扁，体壁及翅鞘高度角质化，坚硬。

幼虫，身体乳白色，弯曲呈“C”形，肥大，柔软，多皱，头大而圆，多为黄褐色，腹部末节腹面具有由钩状、针状及短锥状刚毛组成的覆毛区或排列整齐的尖刺列（对刺列）。刚毛、刺毛数量的多少和排列，常为分种的特征（图 4-11、图 4-12）。

蛹：裸蛹，长约 20 毫米，初期黄白色，后变为黄褐色。

卵：椭圆形，长约 3 毫米，乳白色，表面光滑。

【生活习性】

蛴螬一到两年 1 代，幼虫和成虫在土中越冬，成虫即金龟

图 4-11　地下害虫为害状

图 4-12　蛴螬

子，白天藏在土中，20—21 时进行取食等活动。蛴螬有假死和负趋光性，并对未腐熟的粪肥有趋性。幼虫蛴螬始终在地下活动，与土壤温湿度关系密切。当 10 厘米土温达 5℃时开始上升土表，13～18℃时活动最盛，23℃以上则往深土中移动，至秋季土温下降到其活动适宜范围时，再移向土壤上层。

【发生规律】

成虫交配后 10～15 天产卵，产在松软湿润的土壤内，每头雌虫可产卵 100 粒左右。蛴螬年生代数因种、因地而异。这是一类生活史较长的昆虫，一般一年一代，或 2～3 年 1 代，长者 5~6 年 1 代。如大黑鳃金龟两年 1 代，暗黑鳃金龟、铜绿丽金龟一年 1 代，蛴螬共 3 龄。1、2 龄期较短，第 3 龄期最长。

二、金针虫

金针虫（Elateridae）是叩头虫的幼虫，属鞘翅目，叩甲科。别名铁丝虫、铁条虫、蛘虫。为害植物根部、茎基、取食有机质（图 4-13、图 4-14）。

图 4-13　金针虫幼虫

图 4-14　金针虫成虫

【形态特征】

成虫体长 8~9 毫米或 14~18 毫米，依种类而异。体黑或黑褐色，头部生有 1 对触角，胸部着生 3 对细长的足，前胸腹板具 1 个突起，可纳入中胸腹板的沟穴中。头部能上下活动似叩头状，故俗称“叩头虫”。

幼虫体细长，25~30 毫米，金黄或茶褐色，并有光泽，故名“金针虫”。身体生有同色细毛，3 对胸足大小相同。

蛹为裸蛹，长 8~9 毫米或 15~22 毫米，依种类而异初蛹乳白色，后变黄褐色，羽化前翅芽黑灰色。

【发生规律】

金针虫的生活史很长，因不同种类而不同，常需 3~5 年才能完成一代，各代以幼虫或成虫在地下越冬，越冬深度在

20~85 厘米间。我国麦区，多为 2 年一代，少数 3 年或 1 年一代，个别 4~5 年一代，发育不整齐，有世代重叠现象。以成虫和幼虫在土下 20~40 厘米深处越冬，翌年 3 月上中旬越冬成虫开始出土活动，盛期为 4 月中下旬。5 月上旬为产卵盛期，卵期 26~32 天，初孵幼虫取食腐殖质和作物根。有越夏现象。9 月下旬上升为害至 12 月上旬后越冬。翌年 2 月中旬幼虫上移开始为害，3—5 月达为害盛期。6 月下旬陆续老熟化蛹，7 月中下旬为蛹盛期，8 月为羽化盛期。成虫羽化后在原地越冬。成虫昼伏夜出，略具趋光性，对新鲜而略萎蔫的杂草和腐烂植物残体的气味有极强的趋性。卵散产于 0~3 厘米土层中，单雌产卵多为 30~40 粒。较适当低温和高湿。早春 10 厘米地温 4.8℃时就有幼虫上升到表层为害，秋季到 10 厘米地温降到 3.5℃幼虫才下降越冬。在水中卵孵化率可达 90%以上，春季多雨、低洼地等为害重。土壤含水量 13%~19%最适宜产卵。

三、蝼蛄

蝼蛄俗名耕狗、拉拉蛄、扒扒狗，属昆虫纲，直翅目，蟋蟀总科，蝼蛄科，主要为害种类多为华北蝼蛄，非洲蝼蛄。为杂食性害虫，喜食小麦、蔬菜，还能为害多种园林植物的花卉、果木及林木和多种球根和块茎植物，主要以成虫和若虫咬食植物的幼苗根和嫩茎，同时由于成虫和若虫在土下活动开掘隧道，使苗根和上分离，造成幼苗干枯死亡，致使苗床缺苗断垄。

【形态特征】

（1）成虫。雌成虫体长 45~50 毫米，雄成虫体长 39~45 毫米。体黄褐至暗褐色，背部一般呈茶褐色，腹部一般呈灰黄色，根据其生存年限的不同，颜色稍有深浅的变化。前脚大，呈铲状，适于掘土，有尾须。前胸背板中央有1心脏形红色斑点。后足胫节背侧内缘有棘1个或消失。腹部近圆筒形，尾须长约为体长之，缺产卵器（图4-15）。

图4-15　蝼蛄

（2）卵。椭圆形。初产时长1.6~1.8毫米，宽1.1~1.3毫米，孵化前长2.4~2.8毫米，宽1.5~1.7毫米。初产时黄白色，后变黄褐色，孵化前呈深灰色。

（3）若虫。形似成虫，体较小，初孵时体乳白色，2龄以后变为黄褐色，五六龄后基本与成虫同色。

【发生规律】

2~3年1代，若虫13龄，以成虫和8龄以上若虫在150厘米以上的土中越冬。翌年3—4月当10厘米深土温达8℃左右时若虫开始上升为害，地面可见长约10厘米的虚土隧道，4、5月地面隧道大增即为害盛期；6月上旬当隧道上出现虫眼时已开始出窝迁移和交尾产卵，6月下旬至7月中旬为产卵盛期，8月为产卵末期。越冬成虫于6—7月间交配，产卵时在土中15~30厘米处做土室，卵产在土室内。成虫昼伏夜出，有趋光性、趋化性、趋粪性、趋湿性。从4—11月为蝼蛄的活动为害期，以春、秋两季为害最严重。在冬前为越冬做准备，有一暴食期，集中为害秋播麦田。

【防治方法】

地下害虫长期在土壤中栖息、为害，是较难防治的一类害虫，在防治中要开展以农业防治和化学防治为主的综合防治，要春、夏、秋三季防治，同时要以播种期防治为主，兼顾作物生长期防治，对蛴螬还要进行成虫防治。

小麦地下害虫的防治指标为：蛴螬 3 头/平方米、蝼蛄 0.3~0.5 头/平方米、金针虫 3~5 头/平方米，春季麦田被害率 3%。

1. 农业防治

（1）深翻改土消灭沟坎荒坡，减少地下害虫的滋生地，破坏地下害虫生存环境。

（2）合理轮作倒茬。破坏地下害虫发生环境，以减轻害虫为害。

（3）深耕翻犁。秋播前翻耕土壤和夏闲地伏耕，通过机械杀伤、暴晒、鸟雀啄食等可消灭蛴螬、金针虫等害虫数量。

（4）施用的有机质、农家肥一定要腐熟，以破坏蛴螬等地下害虫的滋生环境。

（5）推广平衡施肥，增施有机肥和磷钾肥，以增强个体发育，提高植株抗性。

（6）做到适期播种，提倡适期晚播，避开地下害虫的为害盛期。

（7）人工捕杀。结合田间操作，也可对新拱起的蝼蛄隧道采用人工挖洞捕杀虫、卵的办法。

2. 物理防治

主要是利用蝼蛄、金龟甲的趋光性，用黑光灯和频振式杀虫灯诱杀。发生为害期在田边或村庄设置黑光灯诱杀成虫减少田间虫口密度。

糖醋液诱杀金龟子：配方为红糖 1 份，醋 2 份，白酒 0.4 份，敌百虫 0.1 份、水 10 份，将配好的糖醋液放置容器内(瓶和盆)，以占容器体积 1/2 为宜。

3. 化学防治

(1) 种子处理。①种植包衣种子。②药剂处理。对于地下害虫发生严重的田块亩用 48%的毒死蜱乳油或 48%乐斯本乳油 10 毫升加水 1 千克拌麦种 10 千克，堆闷 3~5 小时后播种。

(2) 土壤处理。结合播前整地，用药剂处理土壤，常用方法有：①将药剂拌成毒土均匀撒施或沟施，然后浅锄或犁入土中；②颗粒剂撒施等。常用药剂有：48%的毒死蜱乳油 250~300 毫升加水 10 倍喷拌 40~50 千克细土、15%毒死蜱颗粒剂亩 800~1 600克拌毒土撒施、5%的乐斯本颗粒剂亩 4 千克拌毒土撒施。

4. 生物防治

利用天敌茶色食虫虻、金龟子黑土蜂、白僵菌等以虫治虫或以菌治虫。

第七节　麦田地下害虫加重发生原因与防治对策

近年来我国小麦地下害虫有逐年加重发生的趋势，造成小麦缺苗断垄，成为影响小麦产量的主要因素之一，近年来我们对小麦地下害虫发生情况进行了调查研究，分析了地下害虫加重发生的原因，提出有效的管理措施，见下页表。

表 麦田地下害虫为害率历年越冬基数 单位:%

年 份	2006	2007	2008	2009	2010	2011	2012	2013	2014	2015
为害率	1.82	1.86	6.16	4.0	5.2	5.1	6.3	6.1	3.12	5.6

一、地下害虫发生与为害

小麦地下害虫发生种类因地而异，一般以干旱作地区普遍发生，常以蛴螬、金针虫为主，作物受害后轻者萎蔫，生长迟缓，重的干枯而死，造成缺苗断垄，以致减产。蛴体肥大，体型弯曲呈“C”形，多为白色，少数为黄白色，头部褐色，上颚显著，腹部肿胀，体壁较柔软多皱，体表疏生细毛，头大而圆，多为黄褐色。蛴螬一到两年1代，幼虫和成虫在土中越冬。成虫即金龟子，白天藏在土中，20—21时进行取食等活动；幼虫为害麦苗地下分蘖节处，咬断根茎使麦苗枯死，为害时期有秋季和春季两个高峰期，幼虫活动与土壤温湿度关系密切。当10厘米土温达5℃时开始上升土表，13~18℃时活动最盛，23℃以上则往深土中移动，至秋季土温下降到其活动适宜范围时，再移向土壤上层，因此蛴螬对幼苗及其作物的为害主要是春秋两季最重；金针虫幼虫每年在小麦返青期到孕穗期是为害高峰期，主要蛀食茎基节的幼嫩部分，切断输导营养的组织，使上部茎叶枯萎。10月下旬幼虫在23~33厘米土层中越冬，当10厘米以下地温达8℃，幼虫开始活动，土温达8~12℃时，上升到小麦根际周围开始为害。秋季为害在9月下旬至10月上旬，春季4月中旬为害最重。干旱或多雨时，幼虫躲在深层，这时为害较轻。为害特点是幼虫可钻入种子或根茎相交处，咬食发芽种子和根茎，被害处不整齐呈乱麻状，形成枯心苗以致全株枯死。

二、加重发生的原因

（一）耕作制度单一

近年来，由于农村出外打工人员增多，在家务农的劳动力越来越少，耕作粗放，加之连年种植同一种作物，没有实行合理的轮作倒茬，造成地下害虫基数连年累计增大。

（二）管理粗放

由于近年来农业生产资料价格不断上涨，种植小麦的成本越来越大，效益越来越低，农民的种植积极性受到挫伤，存在应付思想，小麦收割后不能够及时深翻，且农机手唯利是图，翻犁深度不足20厘米，未能对地下害虫的栖息环境造成破坏；加之多年来，小麦病虫害发生较轻，农民防治小麦病虫害意识逐渐淡化，部分农民每年除了收种季节外，对小麦的管理基本放任自由，更谈不上种子包衣、药剂拌种、土壤处理等药剂防治等措施的落实，致使虫口基数逐年增加。

（三）气候因素影响

2012年以来，秋播期间降雨量平均较历年同期增加2~3成，特别是9月平均降雨127毫米，较历年同期的93.4毫米增加三成以上，平均气温17.65℃，较历年同期偏高1℃左右，秋季温湿度适宜，给地下害虫的发生、安全越冬提供了非常有利的条件。

（四）秸秆禁烧

近年来机械化收割面积加大，加之秸秆禁烧、秸秆还田面积的增大，无疑在蓄水保墒、培肥地力、保持水土、保护环境方面作用显著，但大量麦茬秸秆未经粉碎腐熟即翻入土壤中，且在土壤中分布不均，形成秸秆团，不仅影响了播种质量，还为地下害虫生存提供了更加隐蔽的场所和丰富的食物来源，部分农户使用未腐熟的农家肥粪，极易诱发蛴螬发生，导致地下害虫基数逐年增加。

（五）播期偏早

南部最佳播期在 10 月 1—7 日，中部在 9 月 22—27 日，北部在 9 月 18—25 日，但近几年秋播期间连阴雨天气偏多，农民大多趁晴好天气进行抢种，致使播期普遍偏早，小麦苗期与地下害虫的活动盛期相吻合，导致地下害虫加重发生。

三、防治措施

防治上采用“以化学防治”与“农业防治”相结合、“播种期防治与生长期防治”相结合、“成虫期防治与幼虫期防治”相结合的“三结合”防治策略。

（一）农业防治措施

一方面，前茬作物收获后，及早进行机械深翻、耙耱，铲除地边杂草，通过机械杀伤部分土壤中的害虫，消灭虫源及害虫产卵和滋生的场所。另一方面，合理轮作倒茬合理的轮作倒茬可以起到破坏地下害虫发生环境的作用，从而减轻害虫为害。第三，合理施肥，增施有机肥和磷钾肥，增强个体发育，提高植株抗性。施用有机肥、农家肥一定要腐熟，以减少虫卵，破坏地下害虫的滋生环境。以防止招引成虫来产卵；精耕细作，及时镇压土壤，清除田间杂草，发生严重的地区，秋冬翻地可把越冬幼虫翻到地表使其风干、冻死或被天敌捕食，机械杀伤的防效特别明显。第四，适期播种，提倡适期晚播，避开地下害虫的为害盛期。

（二）化学防治

首先是播前土壤处理。结合播前整地，亩用 3%辛硫磷颗粒剂 2~2.5 千克，拌成毒土均匀撒施或喷施于地面，然后进行翻犁。其次是种子药剂处理。对于地下害虫发生严重的田块，用50%的辛硫磷按种子重量的0.2%进行拌种。拌种时先将农药按要求比例加水稀释成药液，再与种子混合拌匀，堆闷5~6小时，摊晾后进行播种。第三，苗期防治。死苗率达到3%以上时，进行药剂防治。每亩用3%呋喃丹颗粒剂2~4千克或5%辛硫磷颗粒剂，对细土20~30千克，拌匀后顺垄撒施后划锄覆土，有灌溉条件的撒后灌水效果更佳。

（三）成虫诱杀

一是灯光诱杀。蛴螬成虫金龟子、蝼蛄具有趋光性，早春成虫发生期，每50亩地安装一盏黑光灯或频振式杀虫灯诱杀成虫。二是糖醋诱杀。利用成虫的趋糖性将红糖、醋、水按一定比例配成糖醋液诱杀成虫，减少成虫交配产卵，降低虫源。三是毒饵诱杀。50%辛硫磷乳油100倍液，每千克药液拌10千克炒熟的麦麸制成毒饵，每亩撒施毒饵1~2千克，可防治蝼蛄、蛴螬、金针虫等。

（四）生物防治

化学农药的大量长期使用，对环境、水体、土壤造成严重污染，并通过食物链进入人体，影响人体健康。因此，有条件的地区提倡生物防治，可选用茶色食虫虻、金龟子黑土蜂、白僵菌等生物制剂进行防治，达到以虫治虫以菌治虫的目的。

第五章　麦田草害识别及防治概况

随着耕作制度的改革、小麦品种的更新、水肥条件的改善和除草技术的进步，麦田杂草的草相和优势种群也在不断变化。

第一节　麦田草害的概述

一、杂草主要为害

1. 与小麦争夺水分、养分和光能

杂草根系发达，吸收土壤水分和养分的能力很强，而且生长优势强，耗水、耗肥常超过小麦生长的消耗。杂草的生长优势强，株高常高出小麦，影响小麦对光能利用和光合作用，干扰并限制小麦的生长。

2. 杂草是小麦病害和虫害的中间寄主

不少杂草是越年生或多年生植物，病菌和害虫常年在杂草上或根部寄生或过冬，翌年春天再迁移到小麦上进行为害。

3. 降低小麦产量和品质

由于杂草的直接和间接（病虫害传播）为害，会明显影响小麦产量和品质。

4. 影响人、畜健康

如杂草毒麦的种子，含有毒麦碱，混入小麦粒内，可引起人和牲畜中毒。

5. 增加管理用工和生产成本

杂草较多的麦田，其除草的用工量消耗多，同时由于大量用工，增加了生产成本。

二、发生特点

麦田杂草出草为害时间长，受冬季低温抑制，常年有两个出草高峰。第一个出草高峰在播种后10~30天，以禾本科杂草和猪殃殃、荠菜、野豌豆、繁缕、婆婆纳等为主。第二个出草高峰在开春气温回升以后。早播、秋季雨水多、气温高，麦田冬前出草量大；春季雨量大，麦田春草发生量大；回茬麦因冬前出草量少，春季出草量较冬前多；如遇秋冬干旱、春季雨水较多的年份，早播麦田冬前出草少，冬后常有大量春草萌发，如荠菜等阔叶杂草生长旺盛，是主要为害期。杂草多以幼苗或种子越冬，禾本科杂草多以分蘖和单株幼苗越冬。如秋季出苗的节节麦冬前产生分蘖3~4个，多者10个以上。来年春季气温回升后，未出苗的种子可继续出苗，还可继续分蘖。主茎和分蘖都能抽穗结籽。杂草生命力强。如禾本科杂草节节麦的分蘖能力强，生长旺盛。据调查，春季节节麦一般每株10~20个分蘖，最多达每株36个分蘖。

三、发生原因

（1）小麦收割机的长途跨区作业是麦田杂草传播的重要媒介。

（2）新品种更新换代与大面积的统繁统供，难免有杂草种子混入和传播。

（3）粗放的耕作制度在一定程度上也加重了杂草的发生。另外在防除时，只注重防除大田杂草，不防田边、路边、地头杂草。

（4）随施用未腐熟的农家肥再入农田。将从麦粒中清捡出来的杂草种子直接堆肥，或用未加工粉碎的杂草种子饲喂家禽（畜），致使部分未经腐熟的农家肥中有草籽。

（5）单一除草剂品种的长期使用，使麦田杂草群落发生了演变。

四、杂草防治措施

（1）杜绝种子传播，把好种子检疫关。禾本科杂草节节麦，分蘖力强，传播途径多，苗期不易识别和人工拔除，因此应立足于预防。要坚持不从节节麦发生区调运种子。

（2）合理轮作。这是改变杂草生态环境抑制和减轻杂草为害的重要农业措施。

（3）物理除草。最常用的是利用地膜覆盖，提高地膜和土表温度，烫死杂草幼苗，或抑制杂草生长。

（4）土壤耕作。利用犁、耙、中耕机等农具，在不同时间和季节进行耕作，对杂草有杀除作用。

（5）人工除草。杂草适生范围广，传播途径多，提倡冬前人工划锄，把杂草消灭在幼苗阶段。

（6）药剂防除。化学除草必须在小麦拔节前进行。

①对以播娘蒿、荠菜、刺儿菜等阔叶类杂草为主的麦田，可选用10%苯磺隆可湿性粉剂10~15克或者36%唑草·苯磺隆可湿性粉剂（奔腾）4~5克对水30千克喷雾（手动喷雾器每亩对水量不少于30千克，机动喷雾器不少于15千克）。

②对于节节麦、野燕麦、雀麦、早熟禾、狗尾草等禾本科杂草可选用3%甲基二磺隆油悬剂（世玛）25~30毫升加专用助剂50~100毫升对水30千克喷雾（手动喷雾器每亩兑水量不少于30千克，机动喷雾器不少于15千克，喷施时要严格按

照施药要求进行，严禁在弱苗田使用）。

五、注意事项

（1）关注天气。春季气候多变，化学除草前一定要收听天气预报，寒潮来临之前不要用药，以免造成药害、冻害。要选择无风天气晴好的9—16时，且日平均气温在10℃以上天气喷药。化除时用水量要充足，一般每亩用水不少于30千克，喷雾时要均匀周到，不能漏喷、重喷。

（2）看苗情。小麦在不同生育期对药剂的敏感程度相差较大，分蘖期抗药性较强，拔节后进入穗分化时期，对药剂的抗性降低，施药不当容易产生药害，因此拔节后切忌使用除草剂。

（3）认准麦田春季除草药剂，轮换使用和合理混配除草剂，采用二次稀释法配药，使药剂能充分混合均匀，更好的发挥药效，提高防治效果。

（4）要选择“三证”齐全的药剂，严格按照农药使用说明书操作，勿随意加大或减少剂量，天气干旱时可适当加大用水量。

（5）施药人员喷药时应穿防护服、戴口罩和手套，保证人身安全。

（6）施药结束后要及时清洗器械，妥善保管剩余除草剂。

（7）用于麦田除草的器械要做到专机专用，不可用于果园等病虫防治，以免引起药害。

第二节　主要杂草形态特征

一、禾本科杂草

禾本科主要特征：单子叶杂草，种子留土萌发，一年生、越年生或多年生，麦田禾本科杂草多为越年生。种子萌发时，子叶留在籽实中，胚芽伸出地面，外面裹有膜质胚芽鞘，第一片真叶破鞘而出，随后相继出现的真叶以两行互生式排列；叶多为带状、条状，亦有狭卵圆形和狭椭圆形，具平行叶脉；叶基部形成鞘包茎，叶鞘通常一面开口；具叶舌，叶耳有或无。须根系，茎称为秆，圆柱形，中空，节明显；茎多分蘖，直立或匍散。花序穗状、圆锥状，由多数小穗组成；每小穗有1至数个小花组成，并有颖、稃等结构。颖果。

本科杂草在麦田种类不多，但多为恶性杂草，难以防除。主要有野燕麦、看麦娘、日本看麦娘、多花黑麦草、毒麦、雀麦、蜡烛草、节节麦、长芒棒头草、早熟禾、狗尾草11种。

（一）野燕麦

其他名称：乌麦、燕麦草、铃铛麦。禾本科燕麦属。一年生，麦区均有分布。小麦因野燕麦为害后，株高降低；分蘖数减少，穗粒数减少，千粒重降低，导致大幅度减产。发生严重的地区，小麦一般减产20%~30%，重者达40%~50%。

幼苗淡绿色，第一片真叶带状，均无毛，以后的真叶呈带状披针形，叶片初出时卷成筒状，两面疏生短柔毛，无叶耳（图5-1至图5-3）。

须根较坚韧。秆直立，光滑无毛，叶鞘松弛，光滑或基部被微毛；叶舌透明膜质，叶片扁平，微粗糙，或上面和边缘疏生柔毛。圆锥花序开展，金字塔形，分枝具棱角，粗糙；其柄弯曲下垂，顶端膨胀；小穗轴密生淡棕色或白色硬毛，其节脆硬易断落，颖草质，外稃质地坚硬，背面中部以下具淡棕色或白色硬毛，芒自稃体中部稍下处伸出，膝曲，芒柱棕色，扭转。颖果被淡棕色柔毛，腹面具纵沟，花果期4—9月。果实全体呈飞燕状。颖片2，黄绿色；稃片2，棕褐色；颖2枚，每一颖外的外稃近中部具芒，芒针弯曲，与另一外稃的芒针相

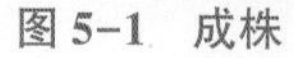

图 5-1　成株

图 5-2　野燕麦

图 5-3　苗

结时如燕尾。种子长圆形，两端略尖，表面浅黄棕色，皱缩。

种子繁殖，幼苗或种子越冬。秋、春均可发生，苗期生长缓慢，拔节后生长加快，高度很快超过小麦，割除分蘖节以上部分，还可再生新的分蘖；先小麦抽穗，种子成熟亦较小麦早，成熟后落地。种子经夏季休眠后萌发。

野燕麦繁殖力强，分蘖多，结籽多，难以防除，为麦田恶性杂草，部分区域受害严重。

（二）蜡烛草

其他名称：鬼蜡烛、假看麦娘。禾本科梯牧草属，蜡烛草属一年生或者越年生，直立丛生。叶片扁平。圆锥花序紧密呈柱状，形似蜡烛，幼时绿色，成熟后变黄色。小穗倒三角形，含 1 朵小花。花果期 4—5 月。

种子繁殖，幼苗或种子越冬。秋、春均可发生。秋播麦田 10 月上中旬出现高峰，春季出苗数量少，各麦田均有分布（图 5-4、图 5-5）。

图 5-4　蜡烛草成株

图 5-5　蜡烛草花

（三）早熟禾

其他名称：禾稍草、小青草、小鸡草、冷草、绒球草。禾本科早熟禾属。一年生或越年生。第一片真叶带状披针形，全缘，无叶耳，以后的真叶与第一片真叶的主要不同在于叶缘有极细的的刺状齿。成株期，秆直立或倾斜，质软，高可达 30 厘米，平滑无毛。叶鞘稍压扁，叶片扁平或对折，质地柔软，常有横脉纹，顶端急尖呈船形，边缘微粗糙。圆锥花序宽卵形，小穗卵形，含小花，绿色；颖质薄，外稃卵圆形，顶端与边缘宽膜质，花药黄色，颖果纺锤形，3—5 月开花，6—7 月结果（图 5-6、图 5-7）。

图 5-6　早熟禾（1）

图 5-7　早熟禾（2）

种子繁殖，幼苗或种子越冬。秋、春均可发生。

（四）看麦娘

其他名称：山高粱。禾本科看麦娘属。一年生。幼苗细弱，淡蓝绿色。秆少数丛生，细瘦，光滑，节处常膝曲，高 15~40 厘米。叶鞘光滑，短于节间；叶舌膜质，长 2~5 毫米；叶片扁平，长 3~10 厘米，宽 2~6 毫米。圆锥花序圆柱状，灰绿色，长 2~7 厘米，宽 3~6 毫米；小穗椭圆形或卵状长圆形，长 2~3 毫米；颖膜质，基部互相连合，具 3 脉，脊上有细纤毛，侧脉下部有短毛；外稃膜质，先端钝，等大或稍长于颖，下部边缘互相连合，芒长 1.5~3.5 毫米，约于稃体下部 1/4 处伸出，隐藏或稍外露；花药橙黄色，长 0.5~0.8 毫米。颖果长约 1 毫米。

种子繁殖，幼苗或种子越冬。麦田秋春均可见苗，以冬前出苗为主，春季有少量出土；穗花期在 4—5 月，5 月颖果渐次成熟。种子经休眠后萌发（图 5-8）。

图 5-8　看麦娘

各麦田均有分布，适生于肥沃的湿地，繁殖力极强。

（五）日本看麦娘

禾本科看麦娘属。一年生。第一片真叶带状，有 3 条直出平行叶脉，先端急尖，叶缘两侧有倒生的刺状毛；叶舌三角状，膜质，3 深裂成齿状；无叶耳；叶鞘光滑无毛。随后出现的真叶与第一片真叶相似。

成株期秆丛生或单生，近直立或斜生；叶片长条形，直立，叶鞘松弛，通常短于节间，叶舌较长；圆锥花序细圆柱状，灰绿色；小穗密集于穗轴之上；花序较粗大，穗较粗壮，芒亦较长，伸出颖外；花药灰白色。在麦田后期植株一般高于小麦。花果期 2—5 月（图 5-9、图 5-10）。

图 5-9　成株

图 5-10　花

各麦田均有分布。适生于湿润环境，部分麦田受害严重。

（六）多花黑麦草

禾本科黑麦草属。一年生或多年生。幼苗胚芽鞘长度超过第一片真叶的叶鞘；第一片真叶带状，先端锐尖，有 5 条直出平行叶脉；叶舌环状，顶端呈细齿裂，无叶耳，叶片与叶鞘无毛（图 5-11 至图 5-13）。

成株期秆丛生或单生，麦田近直立，路旁斜生；叶片带状，叶鞘较疏松，叶舌短小或退化而不显著。穗状花序，小穗单生而无柄，侧扁，小花 10~15 个；第一颖退化，第二颖短于小穗；外稃具 5 脉，中脉延伸成细弱芒；内稃脊上具微小纤毛，与颖果相贴，种子易剥离。

种子繁殖，幼苗或种子越冬。麦田 10 月见苗，冬前出苗为主；穗花期 4—5 月，生长后期植株高于小麦。

常见于路边及荒地，是一种为害严重的恶性杂草。

图 5-11　黑麦草（1）

图 5-12　黑麦草（2）

图 5-13　黑麦草（3）

（七）毒麦

禾本科黑麦草属，越年生或一年生草本植物，全国检疫对象。高可达 120 厘米，无毛。叶片疏松；扁平，质地较薄，无毛，顶端渐尖，边缘微粗糙。穗形总状花序；穗轴增厚，质硬，小穗有小花，小穗轴节间平滑无毛；颖较宽大，质地硬，具狭膜质边缘；外稃椭圆形至卵形，成熟时肿胀，质地较薄，芒近外稃顶端伸出，粗糙；6—7 月花果期（图 5-14）。

图 5-14　毒麦

与多花黑麦草相似，主要区别为叶舌膜质，白色，较薄，无毛。小花 2~6，第二颖与小穗等长或略长，外稃具 6~9 脉；内稃与颖果紧贴不易剥离。

毒麦之颖果中具有形成毒麦碱的菌丝存在，产生麻醉性毒素。人食用含 4%毒麦的面粉，就能引起中毒。毒麦做饲料时也可导致家畜、家禽中毒。随麦种传播，所以必须注意检疫、防除。

（八）雀麦

禾本科雀麦属。是一种最为重要的恶性杂草，具有密度大、群体高、繁殖力强、难以根除的特点。与小麦争肥争水，传播小麦条锈病等多种病害，同时又是小麦黄矮病等病毒病及害虫的中间寄主。已成为我国麦田种群密度上升很快的新型杂草（图 5-15 至图 5-17）。

一年生草本。幼苗细弱，第一片真叶带状披针形，先端尖锐，叶常扭曲，无叶耳。成株期丛生或单生，直立，高 40~90

图 5-15　雀麦（1）

图 5-16　雀麦（2）

图 5-17　雀麦（3）

厘米。叶鞘闭合，被柔毛；叶舌先端近圆形。圆锥花序开展，向下弯垂；分枝细，轮生，上部着生 1~4 枚小穗；小穗黄绿色，密生 7~11 个小花；颖近等长，脊粗糙，边缘膜质，第一颖较第二颖稍短；外稃椭圆形，草质，边缘膜质，顶端钝三角形，芒自先端下部伸出，基部稍扁平，成熟后外弯；内稃两脊疏生细纤毛；小穗轴短棒状，花药长 1 毫米。颖果长 7~8 毫米。花果期 5—7 月。

种子繁殖，幼苗越冬。秋春均可发生，以秋季出苗为主，春季出苗数量很少，种子经夏季休眠后萌发。

我国麦田均有分布，为害严重。

（九）节节麦

禾本科山羊草属。其他名称：粗山羊草，世界性恶性杂草。幼苗暗绿色，基部淡紫红色，新叶抽出时卷为筒状，叶片呈条形；成株期茎秆较细弱，高 20~40 厘米，叶鞘紧抱茎，叶面密生绒毛。抽穗后比正常小麦高，穗状花序圆柱形，小穗圆柱形，穗轴每节只生一个小穗，穗轴顶端有 1~4 厘米的长芒。多生于荒芜草地或麦田中。为害较重。种子繁殖。幼苗或种子越冬，10 月上中旬出现出苗高峰，春季出苗很少，花果期 4—5 月。种子经休眠后萌发（图 5-18、图 5-19）。

近年来，该草逐年偏重发生，部分麦田受害较重，后期植株高于小麦，种子先于小麦成熟，并脱落与田内，难以防除。

（十）长芒棒头草

禾本科棒头草属。一年生草本植物。秆直立或基部膝曲，大都光滑无毛，具 4~5 节，高 8~60 厘米。叶鞘松弛抱茎；叶舌膜质，长 2~8 毫米，2 深裂或呈不规则地撕裂状；叶片长 2~13 厘米，宽 2~9 毫米，上面及边缘粗糙，下面较光滑。圆锥花序穗状，长 1~10 厘米，宽 5~20 毫米（包括芒）；小穗淡灰绿色，成熟后枯黄色，长 2~2. 5 毫米（包括基盘）；颖片倒卵状长圆形，被短纤毛，先端 2 浅裂，芒自裂口处伸出，细

图 5-18　节节麦（1）

图 5-19　节节麦（2）

长而粗糙，长 3~7 毫米；外稃光滑无毛，长 1~1.2 毫米，先端具微齿，中脉延伸成约与稃体等长而易脱落的细芒；雄蕊 3 个，花药长约 0.8 毫米。颖果倒卵状长圆形，长约 1 毫米。花果期 5—10 月（图 5-20）。

图 5-20　长芒棒头草

种子繁殖。幼苗或种子越冬，冬天发生量大，生长缓慢，5 月开花，后种子渐次成熟，植株枯死，种子经夏季休眠后萌发。

我国麦田均有分布，已上升为主要杂草种类。

（十一）狗尾草

其他名称：毛颖、毛毛狗。禾本科狗尾草属。一年生，根为须状，高大植株具支持根。秆直立或基部膝曲，高 10～100 厘米，基部径达 3～7 毫米。叶鞘松弛，无毛或疏具柔毛或疣毛，边缘具较长的密绵毛状纤毛；叶舌极短，缘有长 1～2 毫米的纤毛；叶片扁平，长三角状狭披针形或线状披针形，先端长渐尖或渐尖，基部钝圆形，长 4～30 厘米，宽 2～18 毫米，通常无毛或疏被疣毛，边缘粗糙。圆锥花序，紧密呈圆柱状或基部稍疏离，直立或稍弯垂，主轴被较长柔毛，长 2～15 厘米，宽 4～13 毫米（除刚毛外），刚毛长 4～12 毫米，粗糙或微粗糙，直或稍扭曲，通常绿色或褐黄到紫红或紫色；小穗 2～5 个簇生于主轴上或更多的小穗着生在短小枝上，椭圆形，先端钝，长 2～2.5 毫米；第一颖卵形、宽卵形，长约为小穗的 1/3，先端钝或稍尖，具 3 脉；第二颖几乎与小穗等长，椭圆形，具 5～7 脉；第一外稃与小穗第长，具 5～7 脉，先端钝，其内稃短小狭窄；第二外稃椭圆形，顶端钝，具细点状皱纹，边缘内卷，狭窄；鳞被楔形，顶端微凹；花柱基分离。颖果灰白色。花果期 5—10 月（图 5-21、图 5-22）。

图 5-21　狗尾草成株

图 5-22　狗尾草苗

种子繁殖。幼苗或种子越冬。我国麦田均有分布，以路边、麦田边多见。

二、十字花科

双子叶杂草，一年生或越年生，种子繁殖，种子或幼苗越冬。种子出土萌发，一般下胚轴明显，上胚珠常缺。非蔓性，茎直立或铺散，叶有二型：基生叶呈旋叠状或莲座状；茎生叶通常互生，有柄或无柄，单叶全缘、有齿或分裂，基部有时抱茎或半抱茎，有时呈各式深浅不等的羽状分裂，通常无托叶。花整齐，两性，少有退化成单性的；花多数聚集成总状花序，顶生或腋生，萼片4片，分离，排成2轮，直立或开展，有时基部呈囊状；花瓣4片，分离，成十字形排列。雄蕊通常6个，也排列成2轮，外轮的2个，具较短的花丝，内轮的4个，具较长的花丝，这种4个长2个短的雄蕊称为“四强雄蕊”。角果，被1假隔膜分为2室，种子生假隔膜的边缘。常具有一种含黑芥子硫苷酸（Myrosin）的细胞而产生一种特殊的辛辣气味。

十字花科杂草是麦田最常见的，分布广泛，数量大，多数为麦田优势种群，为害最为严重，我国麦田常见的本科杂草有播娘蒿、荠菜、离子草、离蕊芥、独行菜5种。

（一）播娘蒿

其他名称：米蒿、麦蒿、野芥菜。

十字花科播娘蒿属，一年或二年生草本，株高20~80厘米，全株呈灰白色。下胚轴发达，上胚轴不发育。子叶长椭圆形，先端钝圆，基部渐狭成阔楔形，全缘，柄与叶片等长或稍长。初生叶2片，对生，叶片3~5裂，中间裂片较二侧裂片稍大，先端锐尖，基部楔形，柄较长。后生叶叶片为二回羽状深裂。幼苗淡灰绿色。成株茎直立，上部分枝或分枝，具纵棱槽，除幼苗子叶和下胚轴外，全株密被分枝状和星状短柔毛；叶轮廓为矩圆形或矩圆状披针形，二至三回羽状全裂或深裂，最终裂片条形或条状矩圆形，长 2~5 毫米，宽 1~1.5 毫米，先端钝，全缘，两面被分枝短柔毛；茎下部叶有柄，向上叶柄逐渐缩短或近于无柄。总状花序顶生，花小，多数，具花梗，萼片 4，条状矩圆形，先端钝，边缘膜质，背面具分枝细柔毛；花瓣 4，黄色，匙形，与萼片近等长；雄蕊比花瓣长。长角果狭条形，长 2~3 厘米，宽约 1 毫米，淡黄绿色，无毛。种子 1 行，黄棕色，矩圆形，稍扁，表面有细纹，潮湿后有胶黏物质。花果期 6—9 月（图 5-23 至图 5-28）。

图 5-23　严重为害状

图 5-24　成株期

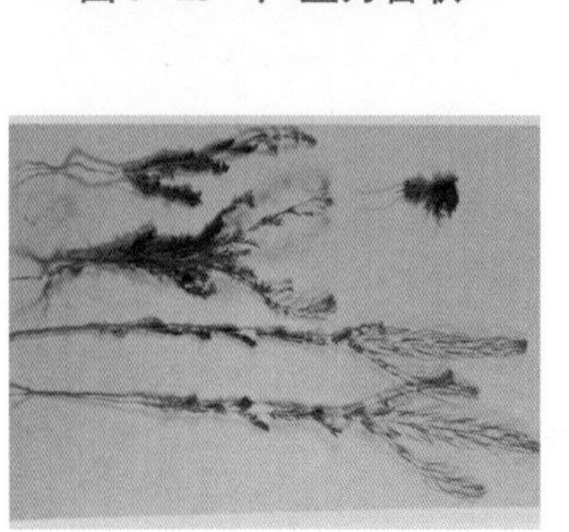

图 5-25　播娘蒿

图 5-26　播娘蒿苗

图 5-27　播娘蒿为害状

图 5-28　花

早播麦田 10 月初即可发生，10 月中下旬为出苗高峰；在水分较充足或较暖情况下，冬季发生时间持续很长，可继续出土，3 月中旬出现春季发生小高峰，早苗 3 月下旬见花，4—5 月种子陆续成熟落地，5 月下旬植株逐渐枯死。

我国麦田主要杂草或优势种群，生长后期，植株高于小麦，为害严重。

（二）荠菜

其他名称：风铃草、响响草、地菜、护生草、地米菜。

十字花科荠菜属，一年生草本植物。下胚轴不发达，上胚轴不发育，株高 30~40 厘米，茎直立，单一或基部分枝。基生叶丛生，挨地，莲座状、叶羽状深裂、提琴状羽裂或不整齐羽裂，裂片有锯齿，有时不分裂；茎生叶狭披针形或披针形，边缘有不规则的缺刻或锯齿，基部成耳状抱茎，无柄。叶两面生有单一或分枝的细柔毛，边缘疏生白色长毛。子叶阔椭圆形或阔卵形，全缘，基部渐狭至柄，具短柄。初生叶 2 片，对生，卵圆形，先端钝圆，全缘，基部楔形，具长柄。后生叶互生，长椭圆形，叶形变化较大，边缘羽状浅裂、深裂或不整齐羽裂。幼苗淡灰绿色。总状花序，顶生和腋生，花小，白色，具长梗；萼 4 片，绿色，卵形，基部平截，具白色边缘；花瓣倒卵形，4 片，白色，十字形开放；雄蕊 6，雌蕊 1，子房三角状卵形，花柱极短。短角果扁平，20~25 粒，成 2 行排列，细小，倒卵形，长约 0.8 毫米。花期 3—5 月（图 5-29 至图 5-31）。

图 5-29　荠菜花

图 5-30　荠菜苗

图 5-31　荠菜果

麦田秋冬均可发生，冬前为出苗高峰，翌年3月中下旬部分小苗弱苗死亡，4月后很少发生；早苗3月上旬见花，4—5月种子陆续成熟落地，5月下旬，植株逐渐枯死；晚播麦田主要在早春发生，花果期略晚。

我国麦田主要杂草或优势种群，为害较重，近几年有逐渐减轻趋势，该杂草也发生在地边、塄坎等处。

（三）离子草

其他名称：荠荠菜、荠菜。十字花科离子草属，一年生草本。下胚轴不发达，上胚轴不发育。高15~40厘米，子叶椭圆形，全缘，先端钝基部渐狭，具柄，边缘有稀腺毛；茎由基部分枝，铺散或斜上，基生叶有短柄，长圆形，羽状分裂；茎生叶长圆状披针形，先端钝基部楔形，边缘具稀疏波状齿，无柄；全株疏生短腺毛，幼苗暗绿色。总状花序顶生，稀疏而短，花小，紫色，萼片淡蓝紫色，具白色边缘，长圆形，内侧萼片基部稍呈囊状，花瓣狭倒卵状长圆形或长圆状匙形，基部有长爪，白色，瓣片狭倒卵形，雄蕊分离，在短雄蕊的内侧基部两侧各有1长圆形蜜腺；子房无柄。长角果细圆柱形，长1.5~3厘米，直或稍弯，有横节，不易开裂，但逐节脱落，每节段有1粒种子，先端有长喙。种子长圆形，略扁平（图5-32至图5-34）。

早播麦田10月初即可发生，10月中下旬为出苗高峰期；翌年3月中下旬见花，5月种子陆续成熟。种子经夏季休眠后萌发。

我国麦田均有发生，为麦田主要草种或优势种群，为害严重，由于近年来除草剂的使用，该杂草正在逐年减少，优势种群在慢慢变为劣势群体。

（四）离蕊芥

其他名称：涩荠、涩地菜。十字花科涩荠属。越年生或一年生草本。下胚轴不发达，上胚轴不发育。高8~35厘米，密

图 5-32　离子草花

图 5-33　离子草

图 5-34　离子草苗

生单毛或叉状硬毛；子叶长椭圆形，全缘，先端钝，基部楔形，叶互生，边缘有波状齿或全缘、羽状浅裂；叶柄长 5~10 毫米或近无柄。成株期茎直立或呈铺散状，叶卵状圆形、狭长形或披针形，边缘有波状齿或全缘。多分枝，有棱角。除子叶、胚轴、角果外全株密生星状硬毛或单毛。总状花序顶生，花梗短，花数多，浅蓝紫色，疏松排列；萼片长圆形，花瓣紫色或粉红色。长角果（细线状），圆柱形或近圆柱形，近 4

棱，倾斜、直立或稍弯曲，后渐平直，密生短或长分叉毛，柱头圆锥状；果梗加粗，长 1～2 毫米。种子 1 行，多数，长圆形，稍扁，表面光滑，浅棕色（图 5-35、图 5-36）。

图 5-35　离蕊芥（1）

图 5-36　离蕊芥（2）

早播麦田 10 月中下旬为发生高峰期；翌年 3 月出现春季小高峰；3 月中下旬见花，4—5 月种子陆续成熟。种子经休眠后萌发。

我国麦田均有分布，为麦田主要草种或优势种群，由于近年来除草剂的使用，该杂草正在逐年减少，优势种群在慢慢变为劣势群体。

（五）独行菜

其他名称：腺茎独行菜、辣辣根。十字花科独行菜属。

越年生或一年生，高 5～30 厘米，下胚轴较发达，上胚轴不发育；根白色，有辣味。幼苗全株光滑无毛，暗绿色；子叶长椭圆形，全缘，先端锐尖，基部渐狭至柄，具长柄。成株期茎直立，有分枝，枝铺散，具腺毛。基生叶莲座状，平铺地面，羽状浅裂或深裂，叶片狭匙形；茎生叶有短柄或近无柄，叶片披针形至条形，有疏齿或全缘。总状花序顶生，花于结果后伸长，花小，萼片早落，卵形，外面有柔毛；花瓣不存或退化成丝状，比萼片短；短角果近圆形或宽椭圆形，扁平，长 2~3 毫米，顶端微缺，上部有短翅，隔膜宽不到 1 毫米；果梗弧形，长约 3 毫米。种子椭圆形，平滑，棕红色。两面各有 1 深纵沟，表面具细小凸起。花果期 5—7 月（图 5-37、图 5-38）。

图 5-37　独行菜果

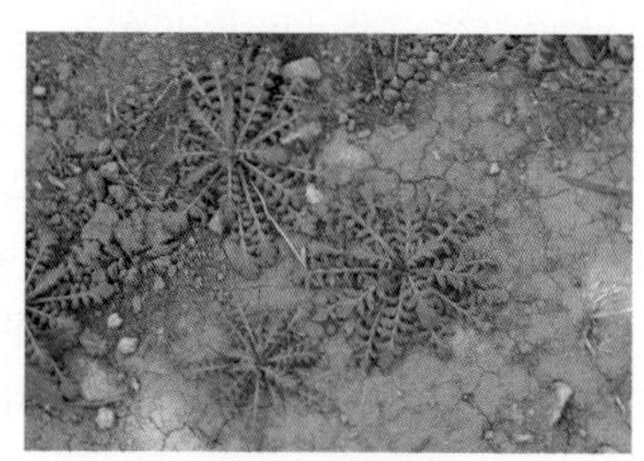

图 5-38　独行菜苗

种子繁殖，种子或幼苗越冬。早播麦田 10 初可发生，10 月上中旬为出苗高峰，翌年 3 月底见花，5 月中旬种子渐次成熟，果后植株枯死。种子经休眠后萌发。

我国麦田均有发生，但非优势种群。对环境要求不严，较耐旱，常见于果园、菜地、地边、休闲荒地等。

三、蓼科

本科主要特征：双子叶，种子出土萌发，下胚轴常带红色。叶为不分裂叶，单叶，互生，全缘，叶柄基部有膜质或叶状的托叶鞘抱着茎。花两性，1 至数朵簇生于鞘状苞内，或由花簇组成穗状、头状或圆锥状花序。果实为瘦果。我国麦田常见本科杂草有齿果酸模、绵毛酸模叶蓼、卷茎蓼、萹蓄 4 种。

（一）齿果酸模

其他名称：假大黄、野菠菜。蓼科酸模属。多年生，种子繁殖。一年或多年生草本，高达 1 米。下胚轴粗壮，上胚轴不发育。子叶狭卵形，全缘，先端钝尖，叶基近圆形，具短柄。初生叶 1 片，单叶，全缘，阔卵形，先端钝圆，叶基圆形，叶面稀布红色斑点，具长柄，基部有膜质而呈杯状的托鞘。后生叶与初生叶相似，但叶尖变为急尖，边缘出现微波状，叶面有红色斑点，托叶鞘缘口齿裂；第二片后生叶开始变为椭圆形。幼苗暗绿色，冬苗略带紫色，全株光滑无毛。成株期茎直立，有分枝，枝斜升，表面具沟纹。具基生叶和茎生叶，基生叶具叶柄，叶片宽披针形至长圆形，全缘，先端钝圆或急尖，基部圆形或心形，叶面略呈皱波状；茎生叶渐小，具短柄，基部多圆形，托叶鞘膜质，筒状。花序顶生，花族多数，呈轮状排列；花被裂片 6，成 2 轮，有明显网纹，边缘有不整齐的针刺状齿。瘦果卵状三棱形，具尖锐角棱，长约 2 毫米，褐色，平滑。花期 4—5 月，果期 6 月（图 5-39、图 5-40）。

种子繁殖，幼苗或种子越冬。秋季或翌年早春出苗，多分布在麦田边或路边。

（二）绵毛酸模叶蓼

其他名称：斑蓼、白绒蓼。蓼科蓼属。一年生，下胚轴非常发达，淡红色；上胚轴也较发达。子叶长条状椭圆形，全缘，先端急尖，基部阔楔形，具短柄。初生叶 1 片，单叶，长椭圆形，全缘，先端钝尖，基部楔形，具短柄，基部有膜质托叶鞘，先端截平，叶面有白色绵毛。后生叶长椭圆形至宽披针

图 5-39　果

图 5-40　苗

形，全缘，互生，叶面常有黑褐色新月形斑块，叶背有白色长绵毛（图 5-41）。

成株期茎直立，高 50~100 厘米，具分枝，淡红色或紫红色，光滑无毛，节部膨大。叶片宽披针形或披针形，互生，全缘，先端急尖，基部楔形，边缘有粗硬毛，叶面常有黑褐色新月形斑块，叶背密生白色长绵毛；托叶鞘筒状，膜质，具条纹，先端截平。穗状花序顶生或腋生，长圆柱体状，花白色或淡红色。瘦果卵圆形，扁平，两面微凹，成熟时黑褐色。花果期 7—9 月，多生在下洼地。

我国麦田均有分布，春季出苗，在小麦田和小麦共生期为营养生长旺期，为劣势杂草种类。

（三）卷茎蓼

其他名称：荞麦蔓。蓼科何首乌属。一年生，种子繁殖。上、下胚轴均很发达，表面密生极细的刺状毛，上胚轴下半段

图 5-41　绵毛酸模叶蓼

被子叶叶柄相联合而成的“子叶管”所包裹。子叶椭圆形，全缘，先端急尖，叶基楔形，具短柄。初生叶 1 片，单叶，卵形，先端渐尖，叶缘微波状，叶基略呈戟形，具长柄，其基部有一白色膜质的托叶鞘。后生叶与初生叶相似。

成株期茎细弱，有条棱，缠绕性。叶片卵形，先端渐尖，基部宽心形，具长柄，互生，托叶鞘短，斜截形。花少数，簇生于叶腋，或为穗状花序，花梗果期短于花被；花被 5 深裂，淡绿色，裂片在果期稍增大，有凸起的肋或狭翅。瘦果卵形，黑色，无光泽。花果期 6—7 月（图 5-42）。

种子繁殖。春季出苗，种子成熟后，经越冬休眠后萌发。我国麦田均有分布，路旁、坡地常见。

图 5-42　卷茎蓼

（四）萹蓄

其他名称：地蓼、鸟蓼。蓼科蓼属。一年生。下胚轴发达，红色；上胚轴不发育。子叶长条形，全缘，先端锐尖，基部渐窄无柄。初生叶 1 片，单叶，倒披针形，全缘，先端锐尖，基部渐窄，无明显叶脉，具短柄，其基部有膜质的托叶鞘，鞘口齿裂。后生叶卵形或倒披针形，亦有膜质的托叶鞘抱着茎。幼苗光滑无毛。

成株期茎自基部分枝，高 15～50 厘米。平卧、斜生或直立，有沟纹。叶互生，全缘或略呈波状，两面均无毛，叶片狭椭圆形或披针形，先端钝或急尖，基部楔形，具短柄；托鞘膜质，抱茎，下部褐色，上部白色透明，有脉纹。花小，具短柄，簇生于叶腋；花被暗绿色，边缘白或淡红色。瘦果三角状卵形，有 3 棱，红褐色至暗褐色，表面有细纹和暗点。花期 6—8 月。果期 9—10 月（图 5-43、图 5-44）。

种子繁殖，我国麦田均有分布，以路边、沟渠多见。

图 5-43　萹蓄成株

图 5-44　萹蓄苗

四、菊科

双子叶杂草，多年生、越年生或一年生。种子出土萌发。初生叶为单叶，互生或对生，后生叶单生，互生。多数种类具基生叶和茎生叶，叶形变化较大，叶片有条形、长椭圆形、长椭圆状披针形或倒披针形等形状，叶全缘或有羽状浅裂、深裂、倒向羽裂、二回或三回羽状深裂等。茎直立。头状花序，下边有 1 至多列总苞片，每个头状花序有的全为管状或舌状花，或边花为舌状花盘花为管状。瘦果有冠毛或鳞片，冠毛羽状或单毛。

本科杂草种类很多，亦为麦田常见杂草，主要种类有刺儿菜、飞廉、蒲公英等。

（一）刺儿菜

其他名称：小蓟草、小蓟、青青草、蓟蓟草、刺狗牙、刺蓟、枪刀菜。菊科蓟属。多年生深根性草本，具匍匐根茎，根系长，入土很深。下胚轴非常发达，上胚轴不发育；基生叶和中部茎叶椭圆形、长椭圆形或椭圆状倒披针形，顶端钝或圆形，基部楔形，有时有极短的叶柄，通常无叶柄，长 7~15 厘米，宽 1.5~10 厘米，上部茎叶渐小，椭圆形或披针形或线状披针形，或全部茎叶不分裂，叶缘有细密的针刺，针刺紧贴叶缘，或叶缘有刺齿，齿顶针刺大小不等，针刺长达 3.5 毫米，或大部茎叶羽状浅裂或半裂或边缘粗大圆锯齿，裂片或锯齿斜三角形，顶端钝，齿顶及裂片顶端有较长的针刺，齿缘及裂片边缘的针刺较短且贴伏；茎有棱，无毛或被白色蛛丝状毛，茎生叶互生，无柄；叶片长椭圆状披针形，全缘或叶缘齿裂，齿尖带刺状毛；全部茎叶两面同色，绿色或下面色淡，两面无毛，极少两面异色。头状花序单生茎端，总苞卵形、长卵形或卵圆形。苞片多层，先端有刺，覆瓦状排列；小花紫红色或白色，雌雄花均为管状，花冠裂片深裂至上筒部的基部，紫红色。瘦果淡黄色，椭圆形或偏斜椭圆形，略扁，顶端斜截形；冠毛污白色，冠毛羽状，多层。花果期 5—9 月（图 5-45 至图 5-47）。

图 5-45　成株

图 5-46　苗

图 5-47　花

种子和根芽繁殖。麦田 10 月初可见幼苗，冬季地上部分死亡，根芽早春萌发出土，5 月见花，以后果实渐次成熟飞散。

我国麦田均有分布，该杂草根系长，入土深，繁殖力强，不易根除。以路边、田边、沟渠多见。

（二）飞廉

其他名称：刺打草、飞帘等。菊科飞廉属一年生或二年生直立草本植物。下胚轴较粗，无毛，粉红色，上胚珠不发育。

子叶阔圆形，先端钝圆，全缘，基部圆形，具短柄。高 50~120 厘米，主根肥厚，伸直或偏斜。茎直立，粗壮，具纵棱。棱间有绿色间歇的三角形刺齿状翼。叶互生，叶片长椭圆状披针形，常下延，不分裂或羽状浅裂、深裂以至全裂，边缘及顶端有针刺；下部叶片较大，具短柄，上部叶片渐小，无柄。头状花序，簇生枝端，总苞卵状、圆柱状或钟状，总苞片多层，覆瓦状排列，外层较内层逐变短，中层条状披针形，先端长尖成刺状，向外反曲；花管状，带紫红色。花冠裂片线形或披针形，其中 1 裂片较其他 4 裂片为长。花丝分离，中部有卷毛，花药基部附属物撕裂。花柱分枝短，通常贴合。瘦果倒卵状、长椭圆形，浅黄色或浅灰色，有浅褐色细条纹，冠毛白色或灰白色，刺毛状，稍粗糙（图 5-48 至图 5-50）。

图 5-48　飞廉成株

图 5-49　飞廉果

种子繁殖，幼苗或种子越冬。麦田 10 月发生，翌年 4 月见花，5—6 月果实渐次成熟后飞散。种子经夏季休眠后萌发。

渭北旱源麦田杂草之一，也发生在果园、菜田、地边和塄坎等，麦田发生较少，一旦发生为害严重。

图 5-50　飞廉花

（三）蒲公英

其他名称：黄花地丁、婆婆丁、华花郎。菊科蒲公英属。多年生草本植物。上胚轴不发育，下胚珠与出生根无明显界限。根圆锥状，弯曲，表面棕褐色，皱缩，根头部有棕色或黄白色的毛茸。子叶阔卵形，全缘，先端钝圆，叶基生、短柄，边缘紫红色。叶片倒卵状披针形或倒披针形，先端钝急尖，边缘有时具波状齿或羽状深裂，顶端裂片较大，三角形或三角状戟形，全缘或具齿，基部渐狭成叶柄，叶柄及主脉常带红紫色，疏被蛛丝状白色柔毛或近无毛。头状花序，总苞两层，钟状，淡绿色，花舌状，黄色。瘦果暗褐色，矩圆形至倒卵形，冠毛羽状，白色。花果期 4—10 月（图 5-51 至图 5-53）。

种子繁殖，幼苗或种子越冬。多发春季，3 月中下旬见

图 5-51　花

图 5-52　苗

图 5-53　果

花，麦收时果实即可成熟飞散。

滑北旱源麦田杂草之一，发生较少，为害不大。以果园、菜田、地边和塄坎多见。

（四）黄花蒿

其他名称：臭蒿。菊科蒿属，越年生或一年生。上胚轴不发育，下胚轴很发达，深红色。子叶近圆形，全缘，光滑，具短柄。初生叶2片，对生，单叶，卵圆形，先端凸尖，叶基楔形，叶缘两侧各有1尖齿，无明显叶脉，具叶柄。第一后生叶呈羽状深裂；第二后生叶为二回羽状裂叶。幼苗除下胚轴和子叶外，均密被丁字毛或二叉毛，揉之味极臭（图5-54、图5-55）。

图5-54　黄花蒿

图5-55　黄花蒿苗

成株期根单生，垂直，狭纺锤形，茎直立，高大粗壮，可达2米，基部直径可达1厘米。有条棱，浅绿色或阳面暗紫色，无毛，上部多分枝。叶互生，叶片2~3次羽状深裂，裂片长圆形或倒卵形，开展，两面被微短毛，基部裂片常抱茎，上部叶小，常为1次羽状深裂。花期基部叶和下部叶常枯萎。头状花序多数，生于枝上，球状，有短梗，密集成复总状或总状花序；常有条形苞叶，总苞叶无毛，总苞片2~3层；花全部管状，黄色。瘦果，倒卵形或长椭圆形，淡黄色，直或稍弯曲，有纵条棱。花果期8—11月（图5-56）。

种子繁殖，种子或幼苗越冬。秋、春季均可发生。我国麦田均有分布，多生于麦田边，路旁。为劣势种。

图 5-56　黄花蒿花

（五）苣荬菜

其他名称：苦曲曲、荬菜、野苦菜、苦葛麻。菊科苦苣菜属。多年生可食用。上、下胚轴均很发达，无毛，并带紫红色。子叶阔卵形，全缘，先端微凹，叶基圆形，具短柄。初生叶 1 片，单叶，阔卵形，先端纯圆，叶基楔形，叶缘有疏细齿，无毛，具长柄；第一后生叶与初生叶相似；第 2~3 后生叶为倒卵形，具长柄，叶缘具刺状齿，叶两面密生串珠毛。幼苗全株近乎无毛，含白色乳汁。成株期全株含乳汁。根很发达，地下横走，入土较深。茎直立，高 30~80 厘米。绿色或带紫色，具条纹。不分枝或顶端分枝。基生叶丛生，有柄，茎生叶无柄，基部扩大抱茎；叶片宽披针形或长圆状披针形，边缘为稀疏缺刻或羽状浅裂，边缘有尖齿；中、上部叶无柄，基部扩大成戟耳形。头状花序顶生，数个排列成伞房状；总苞钟形，苞片多层，暗绿色，密生绵毛；花黄色，全为舌状，两性。瘦果长倒卵形，扁平，表面红褐色；冠毛白色，易脱落。花果期 7—10 月（图 5-57、图 5-58）。

种子繁殖，种子或幼苗越冬。秋、春季均可发生。我国麦

图 5-57　苣荬菜成株

图 5-58　苣荬菜苗

田均有分布，多生于麦田边，路旁。为劣势种。

（六）苦荬菜

其他名称：苦碟子、黄瓜菜。菊科小苦荬菜属。多年生，具白色乳汁，光滑。根细圆锥状，长约 10 厘米，淡黄色。茎高 30~60 厘米，上部多分枝。基部叶具短柄，倒长圆形，长 3~7 厘米，宽 1.5~2 厘米，先端钝圆或急尖，基部楔形下延，边缘具齿或不整齐羽状深裂，叶脉羽状；中部叶无柄，中下部叶线状披针形，上部叶卵状长圆形，长 3~6 厘米，宽 0.6~2 厘米，先端渐狭成长尾尖，基部变宽成耳形抱茎，全缘，具齿或羽状深裂。头状花序组成伞房状圆锥花序；总花序梗纤细，长 0.5~1.2 厘米；总苞圆筒形，外层总苞片 5，长约 0.8 毫米，披针形，长 5~6 毫米，宽约 1 毫米，先端钝。舌状花多数，黄色或白色，舌片长 5~6 毫米，宽约 1 毫米，筒部长 1~2 毫米；雄蕊 5，花药黄色。果实长约 2 毫米，黑色，具细纵棱，两侧纵棱上部具刺状小突起，喙细，长约 0.5 毫米，浅棕色；冠毛白色，1 层，长约 3 毫米，刚毛状。花期 4—5 月，果期 5—7 月（图 5-59 至图 5-62）。

图 5-59　苦荬菜

图 5-60　苦荬菜花

图 5-61　苦荬菜成株

图 5-62　苦荬菜苗

种子繁殖，幼苗或种子越冬，小麦冬前出现出苗高峰，麦收时，果实即可成熟飞散。

我国麦田均有分布，是中生性阔叶杂类草，适应性较强。一般出现于荒野、路边、田间地头，常见于麦田。

五、藜科

双子叶杂草，种子出土萌发，子叶2片，叶片有条状、针状、卵状、椭圆形等多种形式。初生叶为不分裂叶，互生或对生，胚轴常带紫红色或玫瑰色。后生叶为单叶，互生，无托叶。花小，淡绿色，两性或单性，无花瓣，胞果或瘦果。我国麦田常见种类为藜、扫帚菜等。

（一）藜

其他名称：灰灰菜、灰条、白藜。藜科。一年生草本，上、下胚轴发达，子叶长椭圆形，肉质，全缘，短柄。初生叶2片，单叶，对生，长柄。后生叶变化较大，菱形、卵形、三角状卵形、长卵形，叶缘波齿状，叶基近戟形，叶柄长。幼苗全株灰绿色，布满白色粉粒。成株期茎直立，高30~150厘米，粗壮，具条棱及绿色或紫红色条，多分枝；枝条斜升或开展。叶互生，菱状卵形至宽披针形，长3~6厘米，宽2.5~5厘米，先端急尖或微钝，基部楔形至宽楔形，上面通常无粉，有时嫩叶的上面有紫红色粉，边缘有不整齐锯齿；叶柄与叶片近等长，或为叶片长度的1/2。花两性，顶生或腋生。花簇生于枝上部，排列成或大或小的穗状圆锥状或圆锥状花序；花被裂片5，宽卵形至椭圆形，背面具纵隆脊，有粉，边缘膜质；雄蕊5，花药伸出花被，柱头2。果皮与种子贴生。种子横生，双凸镜状，直径1.2~1.5毫米，边缘钝，黑色，有光泽，表面具浅沟纹；胚环形。花果期5—10月（图5-63至图5-68）。

种子繁殖，麦田3月出苗高峰，小麦收获时，尚处于营养阶段，部分麦田受害严重。常见的为害种有藜、小藜和灰绿藜等。

我国麦田均有分布，适应性强，喜肥喜光喜湿润，耐寒耐旱耐盐碱。

图 5-63　小藜成株

图 5-64　小藜苗

图 5-65　藜为害状

图 5-66　藜成株

图 5-67　灰绿藜

图 5-68　藜苗

（二）扫帚菜

其他名称：地麦、地肤、落帚、扫帚苗、扫帚菜、孔雀松。藜科地肤属。一年生草本，下胚轴发达，紫红色，上胚珠短，被长柔毛。高 50~100 厘米，株丛紧密，株形呈卵圆至圆球形、倒卵形或椭圆形，分枝多而细，具短柔毛，茎基部半木质化。子叶条形，全缘，无柄，基部抱茎。叶为平面叶，线状披针形，单叶互生，无毛或稍有毛，先端短渐尖，基部渐狭入短柄，通常有 3 条明显的主脉，边缘有疏生柔毛；茎直立，圆柱状，淡绿色或带紫红色，有多数条棱，稍有短柔毛或下部几无毛，茎分枝很多，分枝稀疏，斜上；穗状花序，通常 1~3 个生于上部叶腋，构成疏穗状圆锥状花序，花小，花被近球形，淡绿色，花被裂片近三角形，无毛或先端稍有毛；花丝丝状。胞果扁球形，包于花被内，不开裂；种子卵形，黑褐色。嫩茎叶可以吃，老株可用来作扫帚（图 5-69 至图 5-71）。

种子繁殖，3 月初苗，小麦收获时尚处于营养阶段。种子经休眠后萌发。

适应性较强，喜温、喜光、耐干旱，不耐寒，对土壤要求不严格，较耐碱性土壤。肥沃、疏松、含腐殖质多的壤土利于旺盛生长。在我国麦田发生较少，为害不大。

图 5-69　扫帚菜成株

图 5-70　花

图 5-71　苗

六、石竹科

双子叶杂草，一年生或多年生。茎节通常膨大，具关节。单叶对生，互生或轮生，全缘；托叶有膜质或缺。花辐射对称，两性，稀单性，排列成聚伞花序或聚伞圆锥花序，果实为蒴果，长椭圆形、圆柱形、卵形或圆球形，果皮壳质、膜质或纸质，种子弯生，多数或少数，稀 1 粒，肾形、卵形、圆盾或圆形，微扁。我国麦田常见种类有米瓦罐、王不留行、繁缕等 3 种。

（一）米瓦罐

其他名称：麦瓶草、面条子棵、净瓶、麦瓶子、麦黄菜。

石竹科蝇子草属，越年生或一年生草本。幼苗下胚轴明显，绿色，上胚轴不发达；子叶长椭圆形，长 6～8 毫米，宽 2～3 毫米，先端尖锐，子叶柄极短，略抱茎；初生叶 2 片，匙形，全缘；成株高 15～60 厘米，全体有腺毛，上部常分泌黏汁；茎直立，单生或叉状分枝；基生叶匙形或卵状披针形，叶对生，无柄，先端尖，基部渐狭，抱茎，茎生叶长圆形或披针形，长 5～8 厘米，宽 5～10 毫米，全缘，先端尖锐；聚伞花序，顶生或腋生，花少数，有梗；萼筒长 2～3 厘米，开花时呈筒状，果实下部膨大呈卵形，裂片 5，钻状披针形；花瓣 5 片，倒卵形，紫红或粉红色；雄蕊 10 枚，花柱 3 裂；蒴果卵圆形或圆锥形，有光泽，包于宿存的萼筒内，中部以上变细，先端 6 齿裂；种子肾形，螺卷状，长约 1.5 毫米，红褐色；可生食，略带甜味（图 5-72、图 5-73）。

图 5-72　米瓦罐花、果

图 5-73　苗

种子繁殖，以幼苗或种子越冬。早春麦田 10 月初即可发生，10 月上中旬为出苗高峰期。翌年 4 月中旬见花，5 月下旬种子陆续成熟。种子经夏季休眠后萌发。

渭北旱源麦田主要杂草，近几年杂草优势种群在不断变化，为害程度在逐年减轻，发生量逐年减少，目前为劣势种群。

（二）王不留行

其他名称：王不留、麦蓝菜。石竹科麦蓝菜属。一年或二年生草本，主根短浅。全株平滑无毛；茎直立，高 30～70 厘米，圆柱形，上部呈二叉状分枝，近基部节间粗壮而较短，节略膨大，表面是乳白色。单叶对生，无柄；叶片卵状椭圆形至卵状披针形，先端渐尖，基部圆形或近心形，稍连合抱茎，全缘，两面均呈粉绿色，中脉在下面凸起，近基部较宽。聚伞花序疏生，着生于枝顶，花梗细长，下有鳞片状小苞片 2 枚；花萼圆筒状，花后增大呈 5 棱状球形，顶端 5 齿裂；花瓣粉红色，倒卵形，先端有不整齐小齿，基部具长爪；雄蕊很少露出花冠外，子房长卵圆形，花柱 2，线形；蒴果卵圆形，包于宿存花萼内，成熟后先端呈 4 齿状开裂。种子球形，黑色，表面具颗粒状凸起（图 5-74、图 5-75）。

种子繁殖，以幼苗或种子越冬。早播麦田 10 月初即可发生，10 月上中旬为出苗高峰期。翌年 4 月下旬见花，5 月下旬至 6 月初种子陆续成熟，果后植株死亡。种子经夏季休眠后萌发。

渭北旱源麦田主要杂草之一，近几年杂草优势种群在不断变化，为害程度在逐年减轻，发生量逐年减少，目前为劣势种群。

（三）繁缕

其他名称：鹅肠菜、鹅耳伸筋、鸡儿肠等。石竹科繁缕

图 5-74　王不留行花

图 5-75　苗

属。一年生或二年生草本，高 10～30 厘米。茎俯仰或上升，基部多分枝，常带淡紫红色，被列毛，下部节上常生根。叶片宽卵形或卵形，顶端渐尖或急尖，无毛，基部渐狭或近心形，全缘；基生叶具长柄，上部叶常无柄或具短柄。聚伞花序，花单生于叶腋或疏散顶生；花梗细弱，具 1 列短毛，花后伸长，下垂；萼片 5，卵状披针形，顶端稍钝或近圆形，边缘宽膜质，外面被短腺毛；花瓣白色，长椭圆形，比萼片短，深 2 裂达基部，裂片近线形；雄蕊 3～5，短于花瓣；花柱 3，线形。蒴果卵形，稍长于宿存萼，顶端 6 裂，具多数种子；种子卵圆形至近圆形，稍扁，红褐色，表面具半球形瘤状凸起，脊较显著。花期 6—7 月，果期 7—8 月（图 5-76、图 5-77）。

种子繁殖，以幼苗或种子越冬。早播麦田 10 月中下旬为出苗高峰期。翌年 4 月中旬见花，5 月下旬种子陆续成熟，植株逐渐枯死。晚播麦田翌年 3 月出现冬后高峰。种子经夏季休眠后萌发。

渭北旱源麦田杂草之一，主要发生在田边、果园、地边和塄坎等，麦田发生较少，一旦发生为害严重。

图 5-76　繁缕花

图 5-77　繁缕花、成株

七、葎草

其他名称：拉拉藤、拉拉秧。桑科葎草属。一年生或多年生缠绕草本。种子出土萌发，下胚轴发达，紫红色；上胚轴很短，并密被斜直生短柔毛。子叶带状，全缘，先端急尖，基部楔形，无柄，有 1 条明显中脉，叶面无毛。初生叶 2 片，对生，卵形，3 深裂，每裂片的边缘有粗锯齿，具长柄；后生叶为掌状裂叶。幼苗呈暗绿色，除子叶和下胚轴外，全株均密被短柔毛。成株期茎蔓生或缠绕其他物体上长，茎具纵棱，茎长，可达 3~5 米，多分枝，茎枝和叶柄上具倒生小钩刺。叶纸质对生，具长柄，肾状五角形，叶片掌状，3~7 裂，但多 5 裂，裂片先端渐尖，基部心形，边缘有锯齿，叶面被稀疏硬毛。花单性，雌雄异株；雄花为圆锥花序，顶生或腋生，花小，多数，花被 5 片，黄绿色；雌花 10 余朵集成短穗状花序，苞片卵状披针形，绿色，每苞片内生两朵花，花被灰绿色。瘦果扁球形，成熟时露出苞片外。葎草的雌雄株花期不一致，雄株 7 月下旬开花，而雌株在 8 月中旬开花，开花后生长缓慢；9 月下旬种子成熟，葎草生长也停止（图 5-78 至图 5-80）。

图 5-78　成株

图 5-79　花

种子繁殖，我国麦田均有分布，以路边、沟渠、田坎、荒地多见。葎草喜肥喜光，通常群生成大片优势群落，延伸至麦田，造成局部严重为害。葎草种子产量很高，1 株可产数万粒，主要以风和鼠虫类为媒介传播。当年种子除土壤深层的以外，次年基本都能发芽。另外，葎草的分枝和再生能力也很惊人，每株分枝数个至十几个分枝，如留茬刈割，再生能力也很强。

图 5-80　葎草

八、鹅绒藤

其他名称：软毛牛皮消、白前。萝藦科鹅绒藤属。多年生蔓性杂草。种子出土萌发。上、下胚轴均发达，紫红色，有毛。双子叶，子叶矩长椭圆形，全缘，有明显羽状叶脉，具短柄。初生叶 2 片，单叶，对生，全缘，三角状卵形，先端锐尖，叶基心形，具长柄，有明显羽状叶脉。后生叶与初生叶相似。幼苗深绿色，幼苗及成株期全体含有白色乳汁（图 5-81、图 5-82）。

成株期根圆柱形，灰黄色。茎细长，密生短柔毛，有分枝，缠绕。叶对生，具长柄，叶片三角状或卵状心形，先端锐尖；叶面深绿色，背面白绿色，两面均有毛。花序聚伞状，腋生，花冠白色，裂片 5，副花冠二型，杯状，顶端裂成 10 个丝状体，分为两轮，外轮与花冠裂片近等长，内轮稍短；柱头

图 5-81　为害状

图 5-82　鹅绒藤花

略为突起，顶端 2 裂。蓇葖果双生或仅有 1 个发育，细圆柱形，顶端渐尖，长 8~12 厘米。种子矩圆形，顶端有白色绢质种毛。花期 6—7 月，果期 8—9 月（图 5-83）。

图 5-83　鹅绒藤苗

种子和根芽繁殖，秋夏均可见苗，多生于坎坡、路旁、麦田边常延伸至麦田，小麦生长后期尚处于营养生长阶段，小麦受害严重。

九、蛇莓

其他名称：野草莓、蛇泡草、龙吐珠、三爪风。蔷薇科蛇莓属。多年生，种子出土萌发。下胚轴较发达，上胚轴不发育。双子叶，子叶阔卵形，全缘，缘生睫毛，先端钝圆，并具微凹，叶基圆形，具长柄。初生叶 1 片，单叶，掌状，叶缘粗牙齿状，并具睫毛，有明显掌状叶脉及斑点，具长柄，柄生长柔毛。第一片后生叶与初生叶相似，第二片后生叶后为 3 出复叶，其他与初生叶相似。成株期茎自基部分枝，细长，有柔毛，匍匐地面，长 30～100 厘米，节上常生不定根。三出复叶，互生；小叶近无柄，倒卵形或菱状卵形，先端钝，基部楔形或斜楔形，边缘有纯锯齿，两面疏生柔毛；基生叶多数，具长柄，茎生叶叶柄较短；托叶卵状披针形，有柔毛。花单生于叶腋，花梗细长；花萼 2 轮，绿色，外轮副萼 5，先端有 3～5 齿，内轮萼片 5，较副萼小，卵状披针形，有毛；花瓣 5，黄色，与副萼萼片近等长。浆果状聚合瘦果，球形或椭圆形，软质，红色，形似草莓。瘦果（种子）小，扁平形，暗紫红色。花期 6—8 月，果期 8—10 月（图 5-84、图 5-85）。

图 5-84　苗

图 5-85　蛇莓花、果

各地均有分布，多生于麦田边，属于为害劣势种类。

十、阿拉伯婆婆纳

其他名称波斯婆婆纳。玄参科婆婆纳属。1~2年生铺散多分枝草本植物，有柔毛。茎自基部分枝，下部伏生地面，斜上，高10~50厘米，茎密生柔毛。子叶出土，阔卵形，具长柄，无毛；上、下胚轴均发达，密被斜垂弯生毛；初生叶2片，对生，卵状三角形，先端钝尖，缘具2~3个粗锯齿，并具睫毛，叶脉明显，被短柔毛。茎基部叶2~4对（腋内生花的称苞片），对生，具短柄，上部叶（也称苞片），无柄，互生。叶卵形或圆形，长6~20毫米，宽5~18毫米，基部浅心形，平截或浑圆，边缘具钝齿，两面疏生柔毛（图5-86至图5-88）。

图5-86　成株

图5-87　果

总状花序很长；花生于苞腋，苞片呈叶状，互生，与叶同

图 5-88　花

形且几乎等大，花梗比苞片长，有的超过 1 倍；花萼 4 深裂，裂片卵状披针形，有睫毛，三出脉；花冠蓝色、紫色或蓝紫色，长 4~6 毫米，有放射状深蓝色条纹，花柄长 1.5~2.5 厘米，长于苞片。雄蕊 2 枚，生于花苞上，短于花冠；雄蕊短于花冠。蒴果肾形，长约 5 毫米，宽约 7 毫米，被腺毛，成熟后几乎无毛，网脉明显，裂片钝。种子舟形或长圆形，腹面深陷成小瓢状，长约 1.6 毫米。花期 3—5 月。

种子繁殖、种子或幼苗越冬，早播麦田 10 月初发生，中旬出现高峰，翌年 3 月见花，4 月种子渐次成熟，植株枯死。种子经休眠后萌发。晚播麦田 3—4 月均有出苗，花果期较晚。

喜湿润环境，较耐旱，麦田较常见，果园、菜地地边均有分布，防除较难。

十一、猪殃殃

其他名称：拉拉秧、拉拉藤、麦仁珠、麦珠珠、然然草等。茜草科拉拉藤属。二年生或一年生蔓状或攀援状草本植物。通常高 30~90 厘米；茎呈四棱柱形，棱上、叶缘、叶脉上均有倒生的小刺毛，依附麦株向上生长，无依附物时，则伏地蔓生。质脆，易折断，断面中空。叶纸质或近膜质，叶细齿裂，6~8 片轮生，带状倒披针形或长圆状倒披针形，顶端有针状凸花尖头，基部渐狭，两面常有紧贴的刺状毛，常萎软状，干时常卷缩，1 脉，近无柄。聚伞花序腋生或顶生，少至多花，花小，有纤细的花梗；花萼被钩毛，萼檐近截平；花冠黄绿色或白色，辐状；裂片长圆形，长不及 1 毫米，镊合状排列；子房被毛，花柱 2 裂至中部，柱头头状。果坚硬，圆形，有 1 或 2 个近球状的分果片，绿褐色，密被钩毛，果柄直，较粗，每一片有 1 颗平凸的种子（图 5-89、图 5-90）。

图 5-89 成株、花

图 5-90 猪殃殃苗

种子繁殖、种子或幼苗越冬，早播麦田 10 月初即可发生，中下旬出现高峰，翌年 4 月见花，5 月果实渐次成熟，植株枯死。种子经休眠后萌发。晚播麦田多早春发生，小麦收获时果实多未成熟。

喜湿润环境，较耐旱，麦田较为常见，果园、菜地地边均有分布，较难防除。

十二、泽漆

其他名称：猫儿眼睛草、五朵云，五灯草，五风草。

大戟科大戟属。一年生或二年生有毒杂草，高 10~30 厘米，全株含乳汁。叶互生，倒卵形或匙形，无柄或具短柄，先端微凹，边缘中部以上有细锯齿。基部楔形，两面深绿色或灰绿色，被疏长毛，下部叶小，开花后渐脱落；茎基部分枝，茎丛生，基部斜升，无毛或仅分枝略具疏毛，基部紫红色，上部淡绿色。

杯状聚伞花序，顶生，钟形，伞梗5，每伞梗再分生2~3小梗，每小伞梗分裂为2叉，伞梗基部具5片轮生叶状苞片，与下部叶同形而较大；总苞杯状，先端4浅裂，裂片钝，腺体4，盾形，黄绿色；雄花10余朵，每花具雄蕊1，下有短柄，花药歧出，球形；雌花1，位于花序中央；子房有长柄，伸出花序之外；蒴果球形，3裂，光滑无毛。种子褐色，卵形，有明显凸起网纹，具白色半圆形种阜。花期4—5月，果期6—7月（图5-91、图5-92）。

图5-91　泽漆成株

图5-92　泽漆苗

种子繁殖，种子或幼苗越冬。早播麦田10月初可见，翌年4月见花，5月果实渐次成熟，种子经休眠后萌发。

该杂草常见于果园、菜地、地边、休闲荒地等，我国麦田发生较少，为害不大。

十三、打碗花

其他名称：打碗碗花，小旋花，面根藤、狗儿蔓、葍秧、斧子苗，喇叭花。

旋花科植物打碗花属。多年生草本植物，全体不被毛，植株通常矮小，子叶近方形，先端凹缺，全缘，叶基近截形，有3条明显叶脉，具长柄。下胚轴发达肥壮，红色，上胚轴不发达；初生叶1片，单叶，卵状戟形，有明显叶脉，具长柄；后生叶与初生叶相似。幼株光滑无毛，叶互生，具长柄，基部叶片长圆形，顶端圆，基部戟形，上部叶片3裂，中裂片长圆形或长圆状披针形，侧裂片近三角形，全缘或2~3裂，叶片基部心形或戟形。成株期地下根茎横走，白色，质脆易折；茎蔓状，细弱，有棱，光滑无毛，多从基部分枝，匍匐或缠绕生长。花单生于叶腋，花梗长于叶柄，有细棱；苞片2片，卵圆形，顶端钝或锐尖至渐尖，包于萼外；萼片5片，长圆形，顶端钝，具小短尖头，内萼片稍短；花冠淡紫色或淡红色，漏斗状；蒴果卵圆形，长约1厘米，稍尖，光滑无毛；种子黑褐色（图5-93至图5-96）。

图 5-93　打碗花

图 5-94　打碗花为害状

图 5-95　花

图 5-96　苗

根芽和种子繁殖。田间以无性繁殖为主，地下茎质脆易断，每个带节的断体都能长出新的植株。根芽 3 月出土，4—5 月生长旺盛期，6 月开花结实，8—9 月仍能出苗和旺长。

由于该杂草以地下茎蔓延繁殖，常成优势群落，对农田为害较严重，在有些地区成为恶性杂草。为害种类较多，尤其对小麦为害更重。

十四、野小蒜

其他名称：野蒜、小根蒜、山蒜、菜芝、小根菜等，百合科葱属。多年生。植株高可达 70 厘米。鳞茎近球形，粗 1~2 厘米；外被膜质鳞皮。叶基生；叶片线形，长 20~40 厘米，宽 3~4 毫米，先端渐尖，基部鞘状、抱茎。长葶由叶丛中抽出，单一，直立，平滑无毛；伞形长序密而多花，近球形，顶生；长梗细，长约 2 厘米，淡紫红色或淡紫色。花果期 5—7 月。有浓烈的蒜臭，味辛辣。有刺激性气味，可食用。

种子繁殖，3 月即可出苗，小麦收获尚处于营养阶段。我国麦田均有分布，适应性强，多见于麦田边（图 5-97、图 5-98）。

图 5-97　野小蒜成株

图 5-98　野小蒜花

十五、马齿苋

其他名称：胖娃娃、马苋，五行草，长命菜，晒不死，瓜子菜，麻绳菜。马齿苋科马齿苋属。一年生草本，种子出土萌发，下胚轴不发达，上胚轴发达，均带红色。子叶椭圆形或卵形，肥厚，短柄。初生叶 2 片，对生，单叶，倒卵形，全缘，仅有一条中脉。后生叶和初生叶相似，幼苗全株无毛，并稍带肉质（图 5-99 至图 5-101）。

图 5-99　成株

图 5-100　苗

图 5-101　马齿苋花

成株期茎平卧或斜倚，伏地铺散，多分枝，圆柱形，长 10~15 厘米淡绿色或带暗红色。茎紫红色，叶互生，有时近对生，叶片扁平，肥厚，倒卵形，似马齿状，长 1~3 厘米，宽 0.6~1.5 厘米，顶端圆钝或平截，有时微凹，基部楔形，全缘，上面暗绿色，下面淡绿色或带暗红色，中脉微隆起；叶柄粗短。

花无梗，直径4~5毫米，常3~5朵簇生枝端，午时盛开；苞片2~6，叶状，膜质，近轮生；蒴果卵球形，长约5毫米，盖裂；种子细小，多数偏斜球形，黑褐色，有光泽，直径不及1毫米，具小疣状凸起。花期5—8月，果期6—9月。

我国麦田均有分布，生存能力极强。可食用。

十六、牻牛儿苗

牻牛儿苗科，牻牛儿苗属，一年生或越年生。长15~45厘米，全株有毛。茎细弱，平铺地面或稍斜升，淡紫色，分枝，节明显。叶对生，长卵形或椭圆形，长约6厘米，2回羽状全裂，裂片5~9对，基部下延，羽状分裂，小裂片线形，全缘或有1~3粗齿；叶柄长4~6厘米。花通常2~5朵，排列成伞形花序状；总苞片6~7个，披针形，有缘毛；花较小，花柄长2~3厘米，萼片5个，椭圆形，先端有长芒；花瓣5个，倒卵形，蓝紫色，长不超过萼片；雄蕊10个，外轮5枚无花药；花柱5个，密生短柔毛。蒴果顶端有长喙，长约4厘米，每室有1种子，成熟时，5枚果瓣5中轴分离，喙部成螺旋状卷曲；种子长2~2.5毫米，褐色。花期7月，果期8月(图5-102、图5-103)。

图5-102　牻牛儿苗

图 5-103　牻牛儿苗花

我国麦田均有分布。常生于麦田边，沟边和山坡。麦田多为幼苗，为害不重，为劣势种。

十七、车前草

其他名称：车轱辘草、车轮菜、猪肚菜、灰盆草。车前科车前草属。多年生。种子出土萌发，下胚轴不发达，上胚轴不发育。双子叶，子叶匙状椭圆形，全缘，先端急尖，叶基楔形，具长柄。初生叶 1 片，单叶，卵形，全缘，先端钝尖，叶基楔形，有一条中脉，具长柄；后生叶有 3 条平行孤形叶脉，其他与初生叶相似。叶片、叶柄皆有短毛。成株期根茎短而肥厚，生出多数须根。叶基生，斜伸，叶具柄，叶片卵形或宽卵形，顶端钝圆，边缘波状，疏生钝齿或近全缘；叶面绿色或带紫红色，叶背面淡绿色，叶脉稍凸出；叶柄较长，常带紫红色。花基数根，直立，生短柔毛；穗状花序细圆柱状，花稠密，绿白色。蒴果椭圆形，近中部周裂。种子微小，矩圆形，黄褐色或暗色，具皱纹状小突体。花期 4—8 月，果期 6—9 月（图 5-104 至图 5-106）。

我国麦田均有分布，喜生于潮湿环境，农田地边、路旁、沟渠、荒地常见，偶入麦田，为害不重。

各麦区常见大车前和平车前，区别如下。

图 5-104　大车前

图 5-105　平车前苗

图 5-106　平车前

大车前：叶片卵形或宽卵形，长 6~10 厘米，宽 3~6 厘米，先端圆钝，基部圆形宽楔形；叶柄基部常扩大或鞘状。穗状花序长 3~10 厘米，花排列紧密。种子 7~15 颗，黑色。

平车前：植株具圆柱形直根。叶片椭圆形、椭圆形状披针形或卵状披针形，基部狭窄。萼裂片与苞片约等长。蒴果圆锥状。种子长圆形，棕黑色。

十八、夏至草

其他名称：小益母草。唇形科夏至草属。多年生草本。种子出土萌发，下胚轴发达，上胚轴不发达。双子叶，子叶近圆形，全缘，先端微凹，叶基略成心形，具长柄（图 5－107、图 5–108）。

图 5–107　夏至草苗

图 5–108　花

成株期主根圆锥形，茎高 15～35 厘米，直立、四棱形，具沟槽，带紫红色，密被微柔毛，常在基部分枝。叶轮廓为圆形，长宽 1. 5～2 厘米，先端圆形，基部心形，3 深裂，裂片有圆齿或长圆形犬齿，有时叶片为卵圆形，3 浅裂或深裂，裂片无齿或有稀疏圆齿，通常基部越冬叶远较宽大，叶片两面均绿色，上面疏生微柔毛，下面沿脉上被长柔毛，脉掌状；叶柄长，基生叶的长 2~3 厘米，上部叶的较短，通常在 1 厘米左右，扁平，上面微具沟槽。轮伞花序，腋生，无梗，有花 6~10 朵，苞片刺状；萼筒钟状，有 5 脉，略显 5 棱，顶端 5 裂成 5 尖齿；花冠白色，二唇形，上唇全缘，长圆形，下唇 3 裂。小坚果（种子）长倒卵形，褐色。

种子繁殖或者分株繁殖，幼苗越冬。早播麦田 10 月初见苗，秋作物田及闲荒地 8 月即可见苗。翌年 3 月底 4 月初开花结实，果实成熟后经夏季休眠后萌发。

我国麦田均有分布，适应性强，生长茂盛，麦田、油菜田及早秋作物田、果园、路边、荒地等处常见，部分麦田受害严重。

十九、紫草科

本科主要特征：双子叶杂草，越年生或一年生。种子出土萌发，叶片有圆形、近矩圆形及椭圆形等形状，初生叶为单叶，互生或对生，后生叶为单叶，无托叶，互生；具基生叶和茎生叶，叶全缘或有皱波状。成株期茎直立或铺散状；植株各部分常密被硬毛、粗毛。花序为二歧或单歧聚伞花序，花两性，有萼，花瓣 5，合生，辐射状。小坚果 4 个。

本科杂草为麦田常见杂草，主要种类有麦家公、狼紫草。

（一）麦家公

其他名称：田紫草、羊蹄甲、面条菜。紫草科紫草属。

越年生或一年生。下胚轴特别发达，并密被硬毛，上胚轴极短。子叶阔卵形，先端微凹，全缘，叶基圆形，有叶柄。初生叶 2 片，对生，单叶，椭圆形，先端钝或微凹，全缘，叶基楔形，具长柄。幼苗淡灰绿色。根稍含紫色物质（图 5-109 至图 5-111）。

图 5-109　苗

图 5-110　麦家公成株

图 5-111　麦家公花

成株期茎通常单一，高 15~35 厘米，自基部或仅上部分枝有短糙伏毛。叶无柄，倒披针形至线形，长 2~4 厘米，宽 3~7 毫米，先端急尖，两面均有短糙伏毛。聚伞花序生枝上部，长可达10厘米，苞片与叶同形而较小；花序排列稀疏，有短花梗；花萼裂片线形，直立，两面均有短伏毛，花冠高脚碟状，白色，有时蓝色或淡蓝色，外面稍有毛，喉部有5条延伸到筒部的毛带。小坚果三角状卵球形，灰褐色，有疣状凸起。花果期4—8月。

种子繁殖，幼苗或种子越冬。早播麦田10月初发生，上中旬出现高峰期，春季发生量少。早苗3月底即可见花，5月，果实渐次成熟。果后植株死亡。种子经夏季休眠后萌发。

我国麦田均有分布，为害严重，为麦田杂草优势种。

（二）狼紫草

紫草科狼紫草属。一年生草本。幼苗全体有毛；子叶2，椭圆形；初生叶1，长椭圆形，具长柄。基生叶具柄，叶片匙形，倒披针形或线状长圆形；茎上部的叶渐小，无柄，边缘有微波状的小牙齿（图5-112、图5-113）。

图5-112　狼紫草成株

成株期茎自基部分枝，直立或斜升，高20~40厘米，有开展的硬长毛。叶互生，基生叶和茎下部叶有柄，其余无柄，倒披针形至线状长圆形，两面疏生硬毛，边缘有微波状小牙齿。聚伞花序常呈尾卷状，苞片狭卵形或条状披针形；花生于苞腋或腋外；花萼裂片5至基部，有半贴伏的硬毛，裂片钻

图 5-113　狼紫草苗

形；花冠蓝紫色，有时紫红色，无毛，筒下部稍膝曲，裂片开展，宽度稍大于长度，附属物疣状至鳞片状，密生短毛；雄蕊着生花冠筒中部之下，花丝极短，柱头球形，2 裂。小坚果肾形，淡褐色，表面有网状皱纹和小疣点，着生面碗状，边缘无齿。花果期 4—7 月（图 5-114、图 5-115）。

图 5-114　狼紫草成株

图 5-115　狼紫草苗

种子繁殖，种子或幼苗越冬。秋季或翌年早春出苗，5 月下旬即渐次成熟落地。

各地麦区均有分布，麦田边、路旁较为多见。为麦田杂草劣势种类。

二十、刺苋

其他名称：人汉菜、野苋菜、勒苋菜。苋科苋属。一年生草本，高 30~100 厘米；茎直立，圆柱形或钝棱形，多分枝，有纵条纹，绿色或淡紫色，无毛或稍有柔毛。叶片菱状卵形或卵状披针形，顶端圆钝，具微凸头，基部楔形，全缘，无毛或幼时沿叶脉稍有柔毛；叶柄长 1~8 厘米，无毛，在其旁有 2 刺。圆锥花序腋生及顶生，长 3~25 厘米，下部顶生花穗常全部为雄花；苞片在腋生花簇及顶生花穗的基部者变成尖锐直刺，在顶生花穗的上部者狭披针形，长 1.5 毫米，顶端急尖，具凸尖，中脉绿色；花被片绿色，顶端急尖，具凸尖，边缘透明，在雄花者矩圆形，在雌花者矩圆状匙形；胞果矩圆形，长约在中部以下不规则横裂，包裹在宿存花被片内。种子近球形，直径约 1 毫米，黑色或淡棕黑色。花果期 7—11 月（图 5-116至图 5-118）。

图 5-116　花

图 5-117　苋菜成株

图 5-118　苗

种子繁殖。幼苗或种子越冬。我国麦田均有分布，为麦田杂草为害劣势种类。可食用。

二十一、龙葵

茄科茄属。一年生草本植物，成株期全草高 30~120 厘米；茎直立，多分枝；卵形或心型叶子互生，近全缘；夏季开白色小花，4~10 朵成聚伞花序；球形浆果，成熟后为黑紫色。浆果和叶子均可食用，但叶子含有大量生物碱，须经煮熟后方可解毒（图 5-119 至图 5-121）。

图 5-119　龙葵果

图 5-120　龙葵花

图 5-121　苗

我国麦田均有分布，多见于麦田边、路边。为害不重，为杂草劣势种类。

二十二、野豌豆

其他名称：野绿豆、野菜豆。豆科野豌豆属，多年生，高30~100厘米。根茎匍匐，茎柔细斜升或攀援，具棱，疏被柔毛。偶数羽状复叶长7~12厘米，叶轴顶端卷须发达；托叶半戟形，有2~4裂齿；小叶5~7对，长卵圆形或长圆披针形，先端钝或平截，微凹，有短尖头，基部圆形，两面被疏柔毛，下面较密。短总状花序腋生；花萼钟状，萼齿披针形或锥形，短于萼筒；花冠红色或近紫色至浅粉红色；旗瓣近提琴形，先端凹，翼瓣短于旗瓣；柱头远轴面有一束黄髯毛。荚果宽长圆状，近菱形，成熟时亮黑色，先端具喙，微弯。种子5~7，扁圆球形，表皮棕色有斑。花期6月，果期7—8月（图5-122至图5-124）。

图5-122　野豌豆

图5-123　野豌豆苗

种子繁殖，以种子或幼苗越冬。我国麦田均有分布，为麦田杂草劣势种。

图 5-124　野豌豆果

第六章　天敌昆虫

天敌昆虫是一类寄生或捕食其他昆虫的昆虫。它们长期在农田中控制着害虫的发展和蔓延。利用天敌昆虫防治害虫是一项特殊的防治方法，可以减少环境污染，维持生态平衡。

根据天敌昆虫的取食特点，又分为捕食性天敌昆虫和寄生性天敌昆虫两大类群。捕食性天敌昆虫较其寄主猎物一般情况下都大，它们捕获吞噬其肉体或吸食其体液。捕食性天敌昆虫在其发育过程中要捕食许多寄主，而且通常情况下，一种捕食天敌昆虫在其幼虫和成虫阶段都是肉食性，独立自由生活，都以同样的寄主为食，如螳螂目的螳螂和鞘翅目的瓢虫科的绝大多数种类。寄生性天敌昆虫几乎都是以其幼虫体寄生，其幼虫不能脱离寄主而独立生存，并且在单一寄主体内或体表发育，随着寄生性天敌昆虫幼体的完成发育，寄主则缓慢地死亡和毁灭。而绝大多数寄生性天敌昆虫的成虫则是自由生活的，以花蜜、蜜露为食，如膜翅目的寄生蜂和双翅目的寄生蝇类。

第一节　瓢　虫

鞘翅目瓢虫科。其他名称：胖小、红娘。体呈半球形，色美丽，具斑纹。头小，一部分常隐藏在前胸背板之下，复眼大，触角短而成棍棒状。分为植食性和捕食性两类。植食性为农业害虫，有马铃薯瓢虫等。捕食性多为益虫，有澳洲瓢虫、七星瓢虫、大红瓢虫等多种瓢虫，它们能捕食多种农业害虫，如介壳虫、蚜虫等（图 6-1 至图 6-4）。

图 6-1　瓢虫（1）

图 6-2　瓢虫（2）

图 6-3 瓢虫幼虫

图 6-4 瓢虫蛹

第二节 草 蛉

脉翅目草铃科。体细长约 10 毫米，绿色。复眼有金色闪光。翅阔，透明，极美丽。常飞翔于草木间，在树叶上或其他平滑的光洁表面产卵。卵黄色，有丝状长柄。幼虫纺锤状。脉翅目昆虫的成虫和幼虫都为捕食性昆虫。捕食范围很广，有绵蚜、菜蚜、麦蚜、豆蚜等多种蚜虫、红蜘蛛、粉虱、介壳虫、叶蝉、蓟马、蛾蝶类和叶甲类的卵和幼虫。有时也捕食一部分益虫。草蛉是重要的天敌昆虫，主要代表种有中华草蛉、大草蛉、晋草蛉、丽草蛉、绿草蛉和褐草蛉等（图 6–5 至图 6–7）。

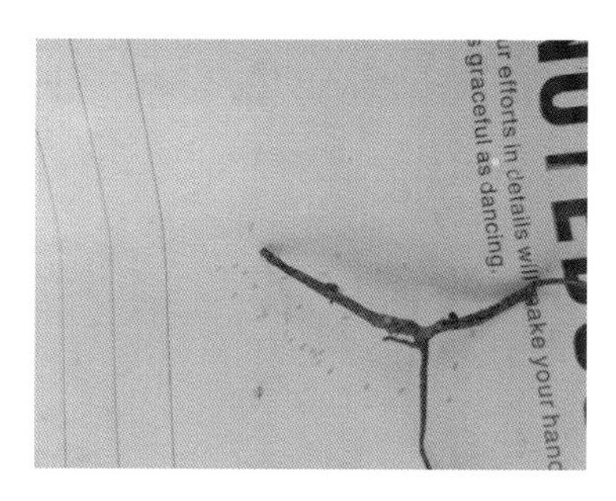

图 6–5　草蛉卵

图 6–6　草蛉幼虫

图 6–7　草蛉成虫

第三节　食蚜蝇

双翅目食蚜蝇科。食蚜蝇是常见的天敌昆虫，以幼虫捕食蚜虫而著称。成虫腹部多有黄、黑斑纹，有明显的拟态现象，和蜂很相似。区别如下：食蚜蝇属于双翅目，即体上只有一对翅膀，而蜂类属膜翅目，体上有二对翅膀；食蚜蝇的触角短，而蜂类触角较长；食蚜蝇的后足纤细，而常见的蜜蜂等蜂类有比较宽阔的后足，用以收集花粉。食蚜蝇在飞行时能较长时间悬定于空中某一点，后突然飞到附近另一点，飞行动作平稳，而蜂类飞行时常常有轻微的左右摆动（图 6-8、图 6-9）。

图 6-8　食蚜蝇成虫

图 6-9　食蚜蝇蛹

第四节　蚜茧蜂

膜翅目茧蜂科

蚜茧蜂种类都是蚜虫的体内寄生蜂，是一类重要的天敌昆虫，已应用于防治一些重要的蚜虫。我国麦田常见麦蚜茧蜂（图 6-10、图 6-11）。

雌成虫体长 2.1～3 毫米，雄性体略小，黑褐色。头部黑色横宽，略宽于胸部翅基片处的宽度，表面光滑，疏生短毛；复眼大，卵圆形；单眼等三角形排列；触角线状黑色。中胸盾片光滑，有毛，盾纵沟前段明显。腹部黑色。翅透明无色；前翅翅痣狭三角形，长约为宽的 4 倍；足黄褐色。卵产于蚜虫体内，微小，呈柠檬形或纺锤形，乳白色。幼虫乳白色，蛆形，有 4 个龄期。蛹：离蛹，呈黄褐色或褐色。

图 6-10　蚜茧蜂寄生

图 6-11　蚜茧蜂寄生在叶锈病叶上

第七章　灾害类

第一节　小麦倒伏

在小麦生育中后期，因受气候因素或是栽培措施不当，发生局部或大部分倒伏，严重影响小麦成熟，降低千粒重，造成减产。据调查因倒伏每亩平均减产 35 千克左右，直接影响小麦的高产、稳产（图 7-1）。

图 7-1　倒伏

小麦倒伏分类：小麦倒伏从时间上可分为早倒伏和晚倒伏，从形式上可分为根倒伏和茎倒伏。一般根倒伏多发生在晚期，损失较小；茎倒伏则早期、晚期均可发生，是倒伏的主要形式，损失较大。灌浆前早期倒伏主要影响粒数和粒重；灌浆后晚期倒伏主要影响粒重，因此防止小麦倒伏是实现小麦高产的重要环节。

一、小麦倒伏原因

（一）气候因素

倒伏的原因一般都是强降雨和大风造成，尤其是当小麦处于灌浆后期，穗重加之连续降雨和大风，大部分高秆品种和群体过大田块发生点片倒伏。

（二）品种因素

倒伏的品种基本都是株高在 85 厘米以上且群体过大、茎秆细弱。

（三）整地播种因素

翻耕田块因坷垃较大一般都要耙碎，起镇压的作用，小麦根系比较发达；而旋耕的田块土壤比较疏松很少镇压，所以翻耕田块比旋耕田块倒伏发生轻。由于密度过大田块，小麦茎秆比较细弱而且通风透光性差，容易倒伏。如果春季降雨比较频繁，田间病虫害发生比较重也易倒伏；撒播比条播倒伏严重，其原因是撒播的播量大后期群体也大，茎秆细弱通风透光性差。

（四）栽培管理因素

同一品种不同施肥方式和施肥种类其倒伏情况也不相同。氮肥后移的田块比“一炮轰”的田块倒伏发生轻的多；施纯磷、钾在 90 千克/公顷的田块比 75 千克/公顷以下的田块倒伏轻；同一品种氮肥后移且磷钾肥在 90 千克/公顷以上的麦田一般只是点倒伏；倒伏最重的是氮、磷、钾“一炮轰”且纯磷、钾低于 75 千克/公顷的田块。纹枯病、茎基腐病为害小麦的基部茎秆，造成坏死，后期一遇到风雨即倒伏。

二、倒伏防止对策

（一）选用抗倒伏品种

选用抗倒伏品种是防止小麦倒伏的基础，在没有化控条件和管理水平跟不上的区域宜选择抗倒伏品种进行推广，不宜选择高秆和茎秆细弱的品种。大力提倡小麦精量和半精量播种，以降低倒伏的风险。

（二）降低基本苗数，合理栽培群体

小麦的生产经历了增穗增产、穗粒并重增产的阶段。在这个阶段，随着基本苗数不断增加、施肥水平提高，高峰苗也较多，造成田间郁蔽，引起基部节间过分拉长，加重纹枯病的发生，从而发生倒伏。近几年，按群体质量栽培理论的指导，逐年降低基本苗数，合理栽培群体，取得了一些经验。结合实际，基本苗数应控制在 18 万~22 万株/亩，越冬苗应控制在 70 万~80 万茎/亩，有效穗数 23 万~39 万穗/亩，既利于抗倒又利于发挥品质特性，夺取高产。

（三）科学施肥

在适期拌种的基础上，施足基苗肥，控制腊肥，重施拔节孕穗肥。施肥比例按氮、磷、钾搭配，有机肥料与无机肥料相结合。一般基肥中氮施用量占 60%左右，有利于培育冬前壮苗；中期控制腊肥数量，为追上拔节孕穗肥留余地，可杜绝旺苗发生，基部 1、2 节间缩短，群体不过大，叶片大小适当，通风透光率高；实行量水培肥，依据 7、8、9 月降雨多少，确定施肥量，此期降雨>280 毫米，目标产量 300~350 千克，纯 N 9~10 千克/亩，P_2O_5　6 千克/亩。在此基础上，增施有机

肥，同时在返青拔节期和孕穗期借墒追肥，起到以肥抗旱、以肥节水作用。

（四）适量深锄，适度镇压

对徒长麦苗，采取深锄切断部分根系，以减少部分分蘖对肥水的吸收量，加速分蘖两极分化，控制有效分蘖基部节间伸长，提高植株抗倒能力。在拔节前适度镇压能壮节、降低株高、沉实土壤，达到根土紧密结合。镇压视旺长程度进行1~3次，每次间隔5天左右，同时掌握地湿、早晨、阴天三不压的原则。对密度大、长势旺、有倒伏危险的麦田，应及早疏苗，或耙耱1~2次，疏掉部分麦苗，后浇1次稀粪水。

（五）科学化控

对群体大、长势旺的麦田或植株较高的品种，在小麦起身期用15%多效唑450~750克/公顷或20%壮丰安450~600毫升/公顷，对水450千克喷洒，以控制植株旺长，缩短基部节间，降低植株高度，提高根系活力，增强抗倒伏能力。叶面喷施多效唑的有效期为返青至拔节期，在此阶段内，施药越早，对基部第1、2节间的抑制效果越好，且对穗部也有良好的作用。

（六）及早防治病虫害

纹枯病等病虫害是的大发生也是造成小麦倒伏的又一重要因素，应及早防治。在播种时用药剂拌种，2月下旬至3月上旬是防治纹枯病的关键时期，此时喷药防治可有效防止纹枯病的发生。

第二节　小麦冻害

从10月霜降之后，随着天气就骤然低温，不少地区冬小麦出现大面积的冻害现象，这对冬小麦的生长发育及后期产量造成了不良的影响。冻害类型主要有冬季冻害、早春冻害（倒春害）和低温冷害。这几种冻害均会给小麦产量带来一定的影响。

一、冬季冻害

冬季冻害是小麦进入冬季后至越冬期间由于寒潮降温引起的冻害。根据小麦受冻后的植株症状表现可将冬季冻害分为两类：第一类是严重冻害，即主茎和大分蘖冻死，心叶干枯，一般发生在旺长麦田。因为小麦进入拔节期，抗寒性明显降低，尤其是主茎和大分蘖发育进程早于小分蘖最易受害，对产量影响大。第二类是一般冻害，症状表现为叶片黄白干枯，但主茎和大分蘖没有被冻死，对产量基本没有影响（图 7-2 至图 7-4）。

图 7-2　冻害（1）

图 7-3　冻害（2）

图 7-4　冻害（3）

冬季冻害预防和补救措施

（1）选用抗寒品种，适期播种。一般播期在 9 月下旬至 10 月上旬，根据品种特性，不要过早播种，以免冬前出现旺长，遭受冻害。

（2）及时追施肥水，促进小分蘖迅速生长。对主茎和大分蘖已经冻死的麦田，要分两次追肥。第一次在田间解冻后随即追施速效氮肥，每亩施尿素10千克，要求开沟施入，以提高肥效；对缺墒麦田可结合浇水施入；对缺磷地块可用尿素和磷酸二铵混合施入。第二次在小麦拔节期，结合浇拔节水每亩施入尿素10千克。对一般受冻仅叶片冻枯，没有死蘖现象的麦田，可在早春及早划锄，提高地温，促进麦苗返青，在起身期追肥浇水，提高分蘖抽穗率。

（3）注意清沟排渍，增加根部吸收养分的能力，以保证叶片恢复生长和新分蘖的生成，及成穗所需要的养分。

（4）加强中后期肥水管理，防止早衰。受冻麦田由于植株体的养分消耗较多，后期容易发生早衰，在春季第一次追肥的基础上，应看麦苗生长发育情况，根据需要，在拔节期或挑旗期适量追肥，促进穗大粒多，提高粒重。

二、早春冻害

早春冻害是指小麦在过了“立春”季节进入返青拔节时期，因寒潮到来降温，地表温度降到0℃以下，发生的霜冻为害。此时气候逐渐转暖，又突然来寒潮，也称“倒春寒”。一般在3、4月出现较多。发生早春冻害的麦田，叶片似开水浸泡过，经太阳光照射后便逐渐干枯。

早春冻害预防和补救措施

（1）冬前镇压，早春喷药。对生长过旺的麦田（越冬前叶龄达到7叶以上，群体达到80万以上）在冬前进行镇压，可抑制小麦过快生长发育，避免过早拔节而降低抗寒性。或在早春喷施农药，抑制生长发育，提高抗寒性、抗倒性。

（2）注意天气，提早灌水。在寒流到来之前进行浇水，增加土壤水分，增强土壤导热能力，提高土壤温度，预防早春冻害。

（3）及时施肥浇水。对受到早春冻害的小麦应立即浇水，追施速效氮肥，促进小麦早分蘖、小孽赶大蘖、提高分蘖成穗率，减轻冻害的损失。

三、小麦低温冷害

小麦生长进入孕穗阶段，因遭受零度以上低温发生的为害称为低温冷害。由于小麦在拔节后至孕穗挑旗时期，含水量较多，组织幼嫩，抵抗低温能力低。若突遇低于5~6℃气温就会受害。受害部位是整穗或部分小穗，表现为延迟抽穗或抽出空颖白穗，或部分小穗空瘪，仅有部分结实，严重影响产量。一般茎叶部分不会受害，无异常表现。

低温冷害预防和补救措施

在低温来临之前采取灌水、烟熏等办法可预防和减轻低温冷害的发生；发生低温冷害后应及时追肥浇水，保证小麦正常灌浆，提高粒重。

冻害发生后，叶面及时喷施芸薹素内脂+磷酸二氢钾，增加植株的抗性，促花成穗。

第三节　小麦药害

主要来自于除草剂为害，用药不当时常使植株生长发育受到抑制，外部形态出现畸形，甚至死苗。应注意预防。

一、常见除草剂药害症状

1. 异丙隆

过量使用会使叶片发黄，并使麦苗抗寒能力迅速降低。麦田施药后如果短期内遇低温霜冻天气，麦苗易受冻，出现“冻药害”现象，受害麦苗叶片枯黄、失水萎蔫，生长受抑制，严重的整株死亡。如果小麦播种过迟，麦苗生长量小，植株抗寒抗冻能力差，施用异丙隆后遇低温会加重“冻药害”发生（图 7–5、图 7–6）。

图 7–5　药害（1）

图 7–6　药害（2）

2. 唑草酮

受害麦苗的主要症状是叶片发黄，并出现白色灼伤斑。多数受害麦苗会在药害症状出现 1 周左右迅速抽生新叶并逐渐恢复生长，对最终产量影响较小，但部分受害严重田块中的弱小苗会出现死苗现象，不同程度影响最终产量。

3. 甲基二磺隆

受害麦苗叶片发黄，生长受抑制，严重的干枯死亡。造成小麦甲基二磺隆药害最常见的原因是施药前后环境条件不良。在霜冻、渍涝、病虫害等可能造成小麦生活力下降、生长受抑制的不利环境条件下施药，均容易加重甲基二磺隆药害，导致小麦显著减产。在小麦拔节后施药或超量施用，也容易造成药害。

4. 苯磺隆

受害麦苗常出现叶片发黄、茎叶斑点、生长停滞、植株凋萎、畸形等典型症状，严重时枯死。

5. 精噁唑禾草灵

受害麦苗常出现叶片发黄、生长受抑制等症状，严重时叶片枯死，并影响最终产量。

6. 乙羧氟草醚

乙羧氟草醚用量过大或喷药浓度过大，特别是在低温期施药，容易产生触杀性灼伤斑，致麦叶发黄，影响麦苗生长，可引起弱小麦苗死苗。

二、补救措施

（1）清水喷淋。喷施除草剂后产生药害，发现早的可在喷药后迅速对受害植株喷清水 3~5 次，尽量将植株表面的药物洗去，减少药液在叶片上的残留。对一些遇碱性物质易分解失效的除草剂，可用 0.2%生石灰水或 0.2%碳酸钠溶液喷洗小麦，解除药害。

（2）增施肥料。增施磷钾肥，中耕松土，促进根系发育，以增强小麦恢复能力，尤其对受害较轻的幼芽、幼苗效果明显。喷施植物生长调节剂可以促进小麦生长，有利于减轻药害。如将芸薹素内酯等药与尿素、磷酸二氢钾等叶面肥混喷，有利于促进受害麦苗尽快恢复生长。

（3）及时查田补种。对受药害严重，造成小麦死苗或不能拔节和抽穗的地块，要及时毁种补种或改种其他作物，将药害损失降到最低。

主要参考文献

车俊义，樊民周 . 2014. 陕西麦田杂草识别与防除 [M]. 西安：陕西科学技术出版社 .

吴文君，张帅 . 2017. 生物农药科学使用指南 [M]. 北京：化学工业出版社 .

张翠梅 . 2016. 永寿县麦田地下害虫加重发生原因与防治对策 [J]. 中国农技推广（10）：61-62.

朱恩林，赵中华 . 2004. 小麦病虫防治分册 [M]. 北京：中国农业出版社 .